脱炭素への
道を拓く中小企業

—最先端の脱炭素ビジネスを追う—

日本政策金融公庫総合研究所 編

刊行に当たって

地球温暖化の問題が深刻さを増している。地球の平均気温は上昇を続けており、大規模な気象災害が世界各地で発生している。わが国でも、大雨や猛暑の観測件数が以前に比べて増えていることが明らかになっている。地球温暖化の主な原因は、人の活動による温室効果ガス排出量の増加であるといわれている。地球温暖化を抑止するために、二酸化炭素をはじめとする温室効果ガスの人為的な排出量と吸収量を均衡させる脱炭素の状態を目指すことは、今や人類全体の喫緊の課題となった。わが国でも、2050年までに脱炭素社会を実現することが、政府の目標として掲げられている。

温室効果ガスは、人の活動におけるさまざまな分野で発生する。中小企業が事業を行う場合も例外ではない。ボイラーやエンジンに石油系燃料を使うと二酸化炭素が発生する。モーター、照明、空調などに使用する電気にも、二酸化炭素を大量に排出する石炭火力発電所などによるものが含まれている。プラスチックや紙なども製造過程でエネルギーを消費するため、事務所や店舗でそれらを使用すると、間接的に温室効果ガスを排出することになる。

中小企業がわが国の企業の99%以上を占めていることを考えれば、温室効果ガス削減に積極的に取り組むことが、経済社会の一員として当然に求められているといえよう。中小企業自身が、温室効果ガス削減の取り組みによって収益をあげる事業（以下、「脱炭素ビジネス」という）に参入することも可能である。温室効果ガス削減の手法は多種多様であるため、中小企業が活躍できる小規模な関連市場のものも少なくないからだ。

一方で、中小企業が温室効果ガス削減に取り組むには、さまざまな課題があると考えられる。脱炭素ビジネスへの参入も、それほど簡単ではないかもしれない。そこで本書では、中小企業と脱炭素とのかかわりについて、当研究所の研究スタッフと外部有識者による複数の異なる視点から論じた。構成は、以下のとおりである。

序章「脱炭素の実現に向けた動き」では、脱炭素とは何かを示したうえで、世界とわが国における脱炭素に向けた動きを整理した。第１章「中小企業の温室効果ガス削減への取り組み」では、当研究所が2022年８月に実施した「中小企業の脱炭素への取り組みに関する調査」をもとに、温室効果ガス削減への取り組みが中小企業でどの程度進んでいるのか、そこにはどのような課題があり、どうすれば解決できる可能性があるのかについて考察した。第２章「脱炭素ビジネスと中小企業」では、同じアンケートの結果に、脱炭素ビジネスに取り組んでいる中小企業８社へのヒアリングから得られた知見も交え、中小企業における脱炭素ビジネスの現状と課題について論じた。序章から第２章までの執筆は、当研究所研究主幹の深沼光と、研究員の原澤大地が担当した。第３章「脱炭素ビジネスの先駆者たち」では、ヒアリング先の８社を詳しく紹介している。執筆担当は、原澤大地である。

第４章と第５章は、外部の有識者に執筆を依頼した。第４章「自動車産業における脱炭素の動向と中小企業」は、自動車産業における脱炭素に向けた完成車メーカーの動きと、関連する中小企業の状況について、名城大学経済学部の太田志乃准教授に整理していただいた。第５章「脱炭素に向けた再生可能エネルギー活用と地域の対応」では、脱炭素に向けた再生可能エネルギー活用の重要性と、地域における取り組みについて、千葉大学大学院社会科学研究院の倉阪秀史教授に論じていただいた。

これら一連の分析を通じて、脱炭素社会の実現に向けた動きは、中小企業にとって一定の負担となる懸念がある一方で、さまざまな分野で新たなビジネスチャンスにつながる可能性も大きいことがわかってきた。本書が、脱炭素への道を拓こうと試みる中小企業に多少なりとも参考になるとともに、そうした中小企業をサポートしていくためにも役立てば幸いである。

最後に、いまだコロナ禍の影響が続くなか、多くの経営者の方にアンケートやヒアリングにご協力いただいたことに、改めて御礼申し上げるとともに、事業のますますのご発展を祈念したい。

2023年6月

日本政策金融公庫総合研究所

所長　大沢 明生

目　次

序　章

脱炭素の実現に向けた動き

日本政策金融公庫総合研究所
研究主幹　深沼　光
研究員　原澤 大地

1 脱炭素とは何か

地球温暖化の進行に伴い、気候の大きな変動が世界中で観測されるようになってきている。わが国でも、昔に比べて猛暑やゲリラ豪雨といった極端な気候が増えていると実感している人は多いだろう。そうしたなか、地球温暖化を食い止めるべく、政治、経済、社会において重要なキーワードとなっているのが「脱炭素」である。インターネット検索エンジンとして大きなシェアを誇るGoogleの検索実績から、脱炭素という言葉の人気度をみると、2020年の後半から2021年の末にかけて急激に上昇しており、2022年に入ってやや落ちついているものの、現在に至るまで高い水準を維持している（図－1）。

脱炭素とは、二酸化炭素をはじめとする温室効果ガスの人為的な排出量と人為的な吸収量を同じ水準にし、純排出量をゼロにすることである。2021年に改正された「地球温暖化対策の推進に関する法律」（温対法）では、「脱炭素社会」を「人の活動に伴って発生する温室効果ガスの排出量と吸収作用の保全及び強化により吸収される温室効果ガスの吸収量との間の均衡が保たれた社会」と定義している[1]。カーボンニュートラルという言葉も、脱炭素と同じ意味で使われる。脱炭素という言葉が一般に広く認知されたきっかけの一つとなった、2020年10月26日の第203回国会における菅義偉《すがよしひで》首相（当時）の所信表明演説でも、2050年までに温室効果ガスの排出を

1　e-Gov 法令検索（https://elaws.e-gov.go.jp/document?lawid=410AC0000000117）を参照。

図－1 「脱炭素」のGoogle検索における月別人気度

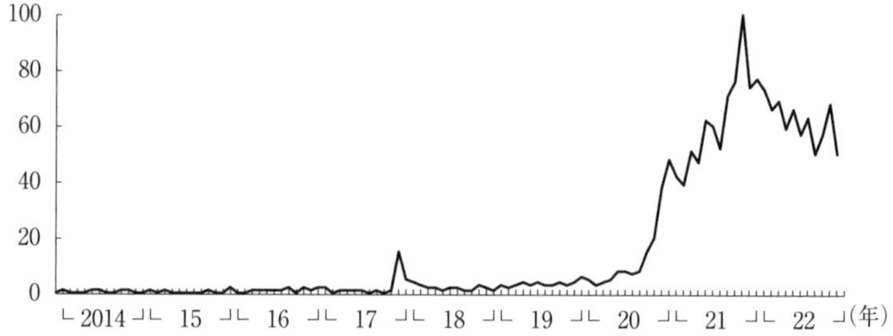

出所：Googleトレンド（https://trends.google.co.jp/trends/?geo=JP&hl=ja）
（注）1　人気度とは、Google検索で行われた総検索数のうち指定したキーワードの占める割合が最も高かった月を100とし、それを基準としてキーワードの人気を相対的に表したものであり、検索数の絶対値ではない。
2　人気度が「0」の月は、そのキーワードに対する十分なデータがなかったことを示す。
3　人気度が「1未満」の月は1とした。

全体としてゼロにし、2050年の脱炭素社会の実現を目指すことが表明された[2]。

脱炭素を実現するためには、温室効果ガスの排出量の削減と、吸収作用の保全・強化が欠かせない。以下、本書では、この二つを合わせて「温室効果ガス削減」という。ここで重要なのが、温室効果ガス削減の対象が、二酸化炭素だけではなく、メタン、一酸化二窒素、フロンガスといった温室効果ガス全般である点だ（表－1）。二酸化炭素の温暖化能力を1とした場合の、各物質の温暖化能力を数値化した地球温暖化係数をみると、メタンが25、一酸化二窒素が298、フロンガスは12～2万2,800と、これらの温室効果ガスは二酸化炭素よりはるかに大きい温暖化能力をもち、少量の排出が

2　Google検索で脱炭素の人気度が急上昇したタイミングとも一致する。演説の詳しい内容は、首相官邸ホームページ（https://www.kantei.go.jp/jp/99_suga/statement/2020/1026shoshinhyomei.html）を参照。

表－1　主な温室効果ガス

気体名	地球温暖化係数	主な発生源
二酸化炭素	1	化石燃料の燃焼、セメントの製造など
メタン	25	水田や湿地で枯れた植物の分解、家畜のげっぷ、化石燃料の採掘・精製など
一酸化二窒素	298	窒素肥料の使用、家畜の排せつ物の堆肥化、化石燃料の燃焼など
フロンガス	12～22,800 （種類により異なる）	冷凍機からの漏出、発泡剤や噴射剤としての使用、半導体の洗浄など

資料：「地球温暖化対策の推進に関する法律施行令」（e-Gov 法令検索、https://elaws.e-gov.go.jp/document?lawid=411CO0000000143）、そのほか各種資料をもとに筆者作成

（注）1　地球温暖化係数（Global Warming Potential, GWP）は、各気体がもつ温暖化能力を、二酸化炭素を基準として数値化したもの。例えばメタンの場合、二酸化炭素の25倍程度の温暖化能力をもつ。

2　フロンガスは、代替フロン等４ガス（ハイドロフルオロカーボン、パーフルオロカーボン、六フッ化硫黄、三フッ化窒素）を含む。

多大な影響を及ぼす。こうした温室効果ガス全般について、排出量を極力減らしつつ、人間が生活を維持するために排出が避けられない分は何らかの方法で吸収や除去を行い、人の活動によって地球温暖化が進行しない状態にすることこそ、脱炭素の最終的な到達点なのである。

2　地球温暖化と気候変動

本節では、脱炭素の実現を目指す背景にある、地球温暖化や気候変動のメカニズムについて整理する。地球は、太陽から放出されるエネルギーによって暖められており、暖められた地表からは、熱が

図－２　世界のエネルギー起源二酸化炭素排出量

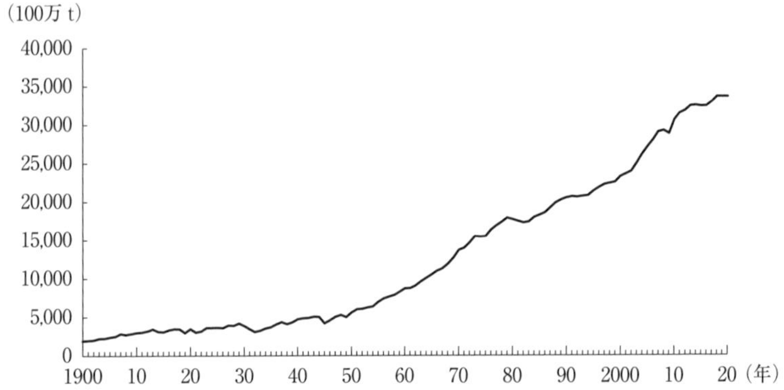

資料：国際エネルギー機関（International Energy Agency, IEA）ホームページ（https://www.iea.org/data-and-statistics/data-product/greenhouse-gas-emissions-from-energy-highlights）をもとに筆者作成

赤外線となって放射される。地表から放射された熱は、本来であればそのまま大気圏外に出ていってしまうのだが、大気中にある温室効果ガスがその一部を吸収し、地表へと再放出することで、地球の気温を温暖に保っている。こうした温室効果がまったくない場合、地球の平均気温は -19℃にまで下がってしまうという[3]。

このように、人類が地球で生きていくうえで、温室効果ガスは重要な役割を果たしている。にもかかわらず、その存在が問題視されるようになったのは、経済活動の活発化に伴って、二酸化炭素をはじめとする温室効果ガスの人為的な排出量が急増しているためである（図－２）。排出量の増加と歩調を合わせるように、世界の年平均気温も上昇傾向にある（図－３）。

温室効果ガスと地球温暖化の関係は、国際的な課題として注目さ

3　全国地球温暖化防止活動推進センターホームページ（https://www.jccca.org/global-warming/knowleadge01）を参照。

図－3　世界の年平均気温偏差

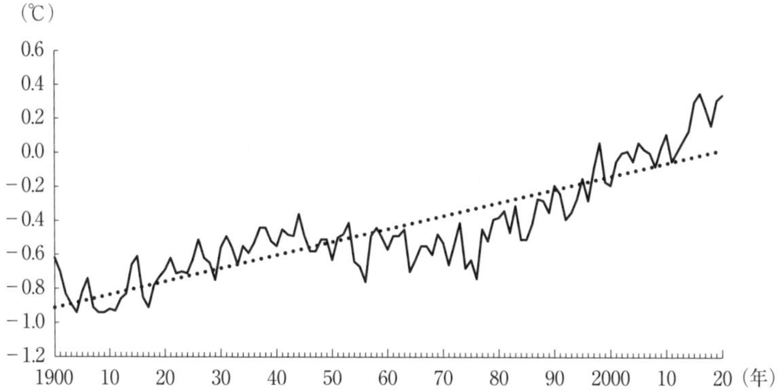

資料：気象庁ホームページ（https://www.data.jma.go.jp/cpdinfo/temp/list/an_wld.html）をもとに筆者作成

(注) 実線は各年の平均気温の基準値（1991～2020年の30年平均値）からの偏差、点線は長期的なトレンドを表す。

れている。わが国も参加している、気候変動に関する政府間パネル（Intergovernmental Panel on Climate Change, IPCC）は、2021年に公表した報告書で、2011～2020年の地球の平均気温が工業化前の1850～1900年の平均に比べて約1.1℃上昇しているという客観的なデータを示し、その原因について「人間の影響が大気、海洋、及び陸域を温暖化させてきたことには疑う余地がない」と記している[4]。また、「人為起源の気候変動は、世界中の全ての地域で多くの極端な気象と気候に既に影響を及ぼしている」と、人の活動による地球温暖化と気候変動との関連性を指摘している。

4　IPCCは国連環境計画（United Nations Environment Programme, UNEP）と世界気象機関（World Meteorological Organization, WMO）が共同で設立した、気候変動に関する科学的な研究の収集・評価を行う政府間機構。報告書については『IPCC 第６次評価報告書第１作業部会報告書 政策決定者向け要約 暫定訳（文部科学省及び気象庁）』（https://www.data.jma.go.jp/cpdinfo/ipcc/ar6/IPCC_AR6_WGI_SPM_JP.pdf）を参照。なお、同じくIPCCが2018年に公表した『1.5℃特別報告書』では、平均気温の上昇幅は2017年時点で約1.0℃程度とされていた。

表－2　世界の気象関連災害発生数（累計）

（単位：件）

	嵐	洪　水	干ばつ	地滑り	山火事	異常気温	合　計
1980～1999年	1,457	1,389	263	254	163	130	3,656
2000～2019年	2,043	3,254	338	376	238	432	6,681
数の変化（倍）	1.4	2.3	1.3	1.5	1.5	3.3	1.8

資料：CRED and UNDRR（2020）をもとに筆者作成

気候変動は、世界各地に深刻な被害をもたらしている。ベルギーにある災害疫学研究センター（The Centre for Research on the Epidemiology of Disasters, CRED）と、国連防災機関（United Nations Office for Disaster Risk Reduction, UNDRR）によると、2000年からの20年間における世界の気象関連災害発生数は、それまでの20年間と比べて大きく増加している（表－２）。特に、異常気温が3.3倍、洪水が2.3倍と大幅に増えた。こうした変化はわが国における猛暑やゲリラ豪雨などの異常気象の頻発とも一致する[5]。今後、温室効果ガス削減が進まない場合にはさらに温暖化が進み、より深刻な災害が多発する懸念がある。ほかにも、海面上昇による陸地の水没や感染症リスクの増大など、地球温暖化は経済社会に甚大な影響を与え得る。それを防ぐため、脱炭素の実現は最優先の課題であるといえるだろう。

5　気象庁ホームページ（https://www.data.jma.go.jp/cpdinfo/extreme/extreme_p.html）によると、１時間降水量50mm 以上の大雨の国内での年間発生回数は、2013～2022年の10年間では平均328回で、1976～1985年の平均226回の1.5倍になっている。また、全国13地点平均で最高気温35℃以上を記録した年間日数は、1993～2022年の30年間の平均で2.7日と、1910～1939年の平均0.8日と比べて3.5倍に増加している。

3 地球温暖化と温室効果ガス削減をめぐる国内外の状況

（1）国際的な動向

表－3は、地球温暖化と温室効果ガス削減をめぐる国際的な動向について整理したものである。地球温暖化がもたらすリスクは、1985年に地球温暖化に関する世界初の国際的な学術会議であるフィラハ会議がオーストリアのフィラハで開催されて以来、指摘され続けてきた。

しかし、温室効果ガス削減の国際的な枠組みづくりや、削減目標の設定については、必ずしも順調に進んできたわけではない。1997年に採択された京都議定書では、温室効果ガス削減目標が先進国にのみ設定され、中国やインドといった排出量の多い発展途上国には課されなかった[6]。また、2001年には米国が経済成長への悪影響を理由に京都議定書からの離脱を表明した。当時は温室効果ガス削減への取り組みが経済成長を阻害するという考え方が根強く、国際的な足並みがそろったとは言い難かった。

状況が変わっていくきっかけとなったのが、気象災害の深刻化である。地球温暖化対策に取り組まないことが長期的にはマイナスであることが次第に認識され、先進国、発展途上国を問わず、各国の姿勢が変わってきたのだ。

6　京都議定書やパリ協定において各国に求められた削減目標は、温室効果ガスの人為的な排出量から人為的な吸収量を差し引いた、人の活動による純排出量の削減が基準である。量の計算は、各気体の温暖化能力を二酸化炭素換算した数値による。

表－3　地球温暖化と温室効果ガス削減をめぐる国際的な動向

年	主な動向	詳　細
1985	フィラハ会議が開催	・地球温暖化に関する世界初の国際的な学術会議 ・オーストリアのフィラハで開催
1988	IPCC が設立	・UNEP と WMO が共同で設立した、地球温暖化に関する科学的な研究成果を整理、評価する政府間組織 ・2023年２月現在、195の国と地域が参加
1990	IPCC が第１次評価報告書を発表	・人間の活動に伴って排出される温室効果ガスの増大により、過去100年間に地球の平均気温は0.3〜0.6℃上昇したと指摘 ・温室効果ガスがこのまま排出され続けることで、重大な気候変動につながるおそれがあると警告
1992	気候変動に関する国際連合枠組条約が採択	・大気中の温室効果ガス濃度を安定化させるための国際的な枠組みとして国連総会で採択 ・先進国に対し、削減のための政策措置や発展途上国への資金援助を義務づけ ・本条約に基づき、気候変動枠組条約条約締約国会議（Conference of the Parties, COP）を毎年開催
1997	京都議定書が採択	・京都府京都市において開催された COP３で採択 ・主に先進国に対し、法的拘束力のある温室効果ガス削減目標を設定
2015	持続可能な開発のための2030アジェンダが採択	・17項目の「持続可能な開発目標（SDGs）」を中核とする国際的な開発目標として国連総会で採択 ・「気候変動に具体的な対策を」を13番目の目標として位置づけ
2015	パリ協定が採択	・フランスのパリにおいて開催された COP21で採択 ・世界の平均気温の上昇を工業化以前に比べて２℃を十分下回る水準に抑え、1.5℃に抑える努力を追求することを目標として設定 ・すべての国に対し、温室効果ガス削減目標の設定と５年ごとの更新を義務づけ
2018	IPCC が1.5℃特別報告書を発表	・世界の平均気温の上昇を工業化以前に比べて1.5℃に抑えた場合に予測される影響や、1.5℃に抑えるために必要な対策などを発表 ・気温上昇を1.5℃に抑えるため、世界全体の二酸化炭素排出量を2030年までに2010年比で約45％削減し、2050年前後に実質ゼロにする必要があると提言
2021	グラスゴー気候合意が採択	・英国のグラスゴーにおいて開催された COP26で採択 ・世界の平均気温の上昇を工業化以前に比べて1.5℃に抑えるため、野心的な気候変動対策を締約国に求める

資料：環境省編（2022）、独立行政法人環境再生保全機構ホームページ（https://www.erca.go.jp/erca/ondanka/inter/index.html）、全国地球温暖化防止活動推進センターホームページ（https://www.jccca.org/global-warming/trend-japan/history）、各種資料をもとに筆者作成

こうした危機感から2015年に採択されたのが、パリ協定である。温室効果ガス削減目標を、先進国のみならず発展途上国を含めたす

べての国に課している点で、画期的な協定だったといえる。パリ協定では、工業化前と比べた平均気温の上昇が2.0℃を超えると人類にとって危機的な気候変動が生じると指摘し、上昇を2.0℃を十分に下回る水準に抑えること、1.5℃を超えないように努力することを目標とした。

その後、IPCCが2018年に発表した『1.5℃特別報告書』では、平均気温の上昇幅が1.5℃を上回ると環境や生態系に不可逆的な影響が及ぶ可能性が高いこと、2030年までに世界の二酸化炭素排出量を2010年比で約45％削減し、2050年前後に二酸化炭素の人為的な排出量と人為的な吸収・固定量の平衡が達成できれば、上昇幅を1.5℃程度に抑えられる可能性があることを指摘している[7]。

この報告書を踏まえ、2021年に採択されたグラスゴー気候合意では気温上昇を1.5℃以内にとどめることが事実上の国際目標となった。現在では、米国、欧州連合（EU）、英国、カナダ、オーストラリア、韓国など、多くの先進国で、2050年における脱炭素を目指すことが目標として掲げられている[8]。

（２）わが国における温室効果ガス削減目標と現状

国際的な動きに対応するように、わが国でも温室効果ガス削減に向け、目標の設定や法律の制定などが進められてきた（表－４）。わが国最初の削減目標は、1990年に策定された地球温暖化防止行動計画において示された、2000年以降の二酸化炭素総排出量をお

7　二酸化炭素以外の温室効果ガスの大幅な削減も、上昇幅を1.5℃程度にするために必要とされている。
8　外務省ホームページ（https://www.mofa.go.jp/mofaj/ic/ch/page1w_000121.html）を参照。

表－4　地球温暖化と温室効果ガス削減をめぐる国内の動向

年	主な動向	詳　細
1990	地球温暖化防止行動計画を策定	・地球温暖化対策に関する政府の方針や今後の取り組みを示した初めての行動計画 ・2000年以降の二酸化炭素総排出量を、おおむね1990年水準で安定化させる目標を策定し、二酸化炭素以外の温室効果ガス排出抑制対策についても明記
1998	地球温暖化対策推進大綱を策定	・京都議定書の採択を受け、省エネルギーの推進、フロンガスの排出抑制、植林といった当面の地球温暖化対策を策定
1998	地球温暖化対策の推進に関する法律（温対法）が成立	・国、地方公共団体、事業者、国民の責務を明記し、一体となって地球温暖化対策に取り組むための枠組みを整備
2002	京都議定書を締結	・地球温暖化対策推進大綱の見直しなど、地球温暖化対策を推進する環境を整えたうえで締結を決定 ・2008年から2012年の５年間で温室効果ガス排出量を1990年比で６％削減することを約束
2005	温対法が改正	・温室効果ガス排出量が一定量以上の事業者に対し、排出量の算定と国への報告を義務づけ
2008	温対法が改正	・事業者に対し、事業用の設備について温室効果ガスの排出削減に資するものを選択すること、国民が日常生活において利用する製品・サービスについては利用時の温室効果ガス排出量がより少ないものの製造等を行うことの２点を努力義務として明記
2015	パリ協定の約束草案を策定	・2030年度に温室効果ガス排出量を2013年度比で26％削減する新たな中期目標を決定
2016	地球温暖化対策計画を策定	・2050年までに温室効果ガス排出量を80％削減する新たな長期目標を決定
2018	気候変動適応法が成立	・国、地方公共団体、事業者、国民の役割を明確化し、農業や防災など各分野における気候変動への適応計画の策定や影響評価の実施を制定 ・気候変動対策の緩和策（温対法）に対し、適応策として位置づけ
2020	2050年までの脱炭素実現を宣言	・第203回国会の所信表明演説において、菅義偉首相（当時）が2050年までに脱炭素社会の実現を目指すことを宣言
2021	地球温暖化対策計画を改定	・第45回地球温暖化対策推進本部において表明された「2050年目標と整合的で、野心的な目標として、2030年度に、温室効果ガスを2013年度から46％削減することを目指す。さらに、50％の高みに向けて挑戦を続けていく」という新たな中期目標を踏まえ、５年ぶりに計画を改定
2023	GX実現に向けた基本方針を決定	・GX（グリーントランスフォーメーション）を通じ、脱炭素と経済成長を両立させるための基本方針 ・具体策として、省エネルギー化や脱炭素電源への転換の推進、GXに取り組むインセンティブとしてのカーボンプライシングの導入などを明記

資料：環境省編（2022）、林野庁編（2009）、環境省ホームページ（https://www.env.go.jp/earth/ondanka/keii.html）、全国地球温暖化防止活動推進センターホームページ（https://www.jccca.org/global-warming/trend-japan/history）、各種資料をもとに筆者作成

おむね1990年水準で安定化させるというものである。これ以降、地球温暖化の進行や温室効果ガス削減の機運の高まりを受け、削減目標は数度にわたり見直しが行われてきた。

わが国における大きな転換点は、前述したとおり、2020年10月26日に行われた所信表明演説であろう。2050年までの脱炭素社会の実現が政府の長期目標として示されたことで、温室効果ガス削減に向けた取り組みの優先順位が一気に高められた。そして、2021年４月22日に開催された第45回地球温暖化対策推進本部において、「2050年目標と整合的で、野心的な目標として、2030年度に、温室効果ガスを2013年度から46％削減することを目指す。さらに、50％の高みに向けて挑戦を続けていく」という新たな目標が表明された[9]。

この目標を達成するためには、国内のさまざまな部門で温室効果ガス削減を進めていくことが求められる。2020年度のわが国の温室効果ガス排出量は、「企業・公共部門関連」からが79％、「家計関連」からが21％と算定されている（表－５）。「企業・公共部門関連」を詳しくみると、製造業、建築業、鉱業、農林水産業といった「産業」が全体の31％を占め、次いで商業・サービス・事務所等の「業務その他」が16％、貨物車、企業の自家用車、船舶等の「運輸」が11％と続く。

これらのなかには、中小企業によるものも少なくない。経済産業省は、わが国の温室効果ガス排出量のうち、９〜19％が中小企業に

9　地球温暖化対策推進本部は、温対法に基づいて1997年に内閣に設置された行政機関。第45回地球温暖化対策推進本部については議事要旨（https://www.kantei.go.jp/jp/singi/ondanka/kaisai/dai45/gijiyousi.pdf）を参照。

表－5　わが国の温室効果ガス排出源の内訳（2020年度）

（単位：％）

企業・公共部門関連	79	家計関連	21
産業（製造業、建築業、鉱業、農林水産業でのエネルギー消費）	31	家庭（家庭での冷暖房・給湯、家電の使用等）	14
業務その他（商業・サービス・事業所等）	16	運輸（家庭の自家用車）	5
運輸（貨物車、企業の自家用車、船舶等）	11	家計関連の二酸化炭素以外の温室効果ガス	2
企業・公共部門関連の二酸化炭素以外の温室効果ガス	8	一般廃棄物等	1
エネルギー転換（発電所、ガス工場、製油所等での自家消費分）	7		
工業プロセス・その他（セメント製造時の二酸化炭素排出等）	4		
産業廃棄物等	2		

資料：環境省編（2022）をもとに筆者作成

（注）1　二酸化炭素以外の温室効果ガスは、メタン、二酸化窒素、フロンガス。

2　発電や熱の生産に伴って排出される温室効果ガスは、その電力や熱の消費者が排出したものとして算定している。

よって排出されていると試算している[10]。中小企業における温室効果ガス削減の取り組みが、わが国全体の削減目標達成に向けて重要であることは、間違いないといえる。

企業の温室効果ガス削減を促すために、これまで法律や制度が整備されてきた。1998年に成立した「地球温暖化対策の推進に関す

10　経済産業省「クリーンエネルギー戦略 中間整理」(https://www.meti.go.jp/shingikai/sankoshin/sangyo_gijutsu/green_transformation/pdf/008_01_00.pdf）によると、2017年度のわが国全体の温室効果ガス排出量のうち、温対法で報告対象となっている中小企業の排出量が９％、報告対象外の事業者と活動による排出量が10％である。後者に含まれる中小企業の割合が不明であることから、中小企業の排出量は9～19％と、やや幅広い試算結果になっている。

る法律」（温対法）は、企業の責務として、温室効果ガスの排出抑制等の措置、国や地方自治体の排出抑制策への協力などを求めている。温対法の2005年の改正では、一定以上の温室効果ガスを排出する企業に対し、排出量の算定と国への報告が義務づけられた[11]。また、2008年の改正では、企業に対して、事業用の設備は温室効果ガスの排出削減に資するものを選ぶこと、温室効果ガスの排出量の少ない製品の製造等を行うことという二つの努力義務を課している。国の法律だけではなく、排出抑制計画の策定や建築物の新築における環境配慮などを企業に求める条例を、地方自治体が独自に制定したケースも複数存在する（釼持、2021）。

企業に対してインセンティブを与える制度もつくられている。その代表例が、2013年度から始まったJ-クレジット制度である[12]。省エネルギー設備や再生可能エネルギーの導入などによる温室効果ガスの排出削減量や、植林や森林管理などによる温室効果ガスの吸収量を、国がクレジットとして認証し、売買を可能にする制度である。クレジットの創出者、つまり温室効果ガス削減を行った者は、クレジット売却で利益が生じ、取り組みのための費用に充てたり、新たな設備投資の原資にしたりすることができる。一方、クレジットの購入者は、クレジット分を自身の排出量から差し引くことで、自身の経済活動による温室効果ガスの純排出量を減少させることが

11　2023年３月現在、エネルギー起源二酸化炭素については、年間エネルギー使用量が合計1,500kℓを超える場合、それ以外の温室効果ガスについては、温室効果ガスの種類ごとの年間排出量が合計二酸化炭素換算で3,000t以上かつ常時使用する従業員の数が21人以上の場合、それぞれ報告が義務づけられている。詳細は環境省ホームページ（https://ghg-santeikohyo.env.go.jp/about）を参照。

12　J-クレジット制度の詳細は、経済産業省のJ-クレジット制度ホームページ（https://japancredit.go.jp/）を参照。

表－6　わが国の温室効果ガス排出量と吸収量の推移

（単位：100万 t 二酸化炭素換算）

年　度	2013	2014	2015	2016	2017	2018	2019	2020
排出量	1,409	1,360	1,322	1,305	1,292	1,248	1,212	1,150
吸収量	54	54	52	50	51	51	47	45
純排出量	1,355	1,307	1,270	1,255	1,240	1,197	1,166	1,106
純排出量の 削減率（%） （2013年度比）	—	3.6	6.3	7.4	8.5	11.7	14.0	18.4

資料：環境省「2020年度（令和２年度）の温室効果ガス排出量（確報値）について」（https://www.env.go.jp/content/900518858.pdf）をもとに筆者作成

（注）二酸化炭素以外の温室効果ガスは、それぞれの地球温暖化係数を乗じ、排出量を二酸化炭素に換算している。

できる。同時に、地球温暖化対策に熱心であることをアピールすることにもつながる。こうした制度が普及すれば、企業は温室効果ガス削減を、より一層進めやすくなるだろう。

企業や国民によるこれまでの取り組みの結果、わが国における温室効果ガスの排出量は、すでに減少傾向にある（表－６）。しかし、そのペースは遅く、2030年における温室効果ガス排出量の2013年度比46％の削減、2050年における脱炭素の実現といった目標の達成は、このままでは難しいのが現状である[13]。2019年時点で温室効果ガス排出量が世界で６番目に多いわが国は、国際社会から厳しい目を向けられており、国際公約として掲げた削減目標を達成できなかった場合は、わが国の国際的地位の低下にもつながりか

13　2013年度から2020年度までの減少ペースが2021年度以降も続くと仮定すると、2030年度における純排出量は2013年度比で44.7％減ることになる。ただし、2020年度の数値は、新型コロナウイルスの感染拡大によって経済活動が制約されたことで大きく抑制された可能性が高い。2013年度から2019年度までの減少ペースを2021年度以降に当てはめると、2030年度における純排出量は2013年度比で41.7％減少となり、目標の46％には４ポイントほど足りない。

ねない[14]。目標達成に向け、取り組みのシフトチェンジが求められているといってよいだろう。

4　中小企業に押し寄せる脱炭素の波

ここまでみてきたように、わが国の温室効果ガス削減を進めるうえで、中小企業は重要な役割を担っている。経済社会の一員として、政府の規制を待つまでもなく、温室効果ガス削減に積極的に取り組むことが、今、求められているといってよいだろう。日本商工会議所も、2022年９月に行われた創立100周年記念式典において、脱炭素の波をイノベーション創出につなげるため、自己変革に挑戦する中小企業を後押しすると宣言している[15]。

地球温暖化による気候変動の深刻化は、中小企業にとって決して他人事ではない。近年の気象災害は中小企業にも大きな影響を及ぼしている[16]。つまり、温室効果ガス削減の取り組みを進め、地球温暖化を抑制することは、巡り巡って自社を守ることにもつながるのである。

14　米国にある環境シンクタンクの世界資源研究所（World Resources Institute, WRI）によると、温室効果ガス排出量が最も多いのは中国で、次いで米国、インド、EU（27カ国）、ロシア、日本の順となっている。詳細はWRIホームページ（https://www.wri.org/insights/interactive-chart-shows-changes-worlds-top-10-emitters）を参照。

15　日本商工会議所ホームページ（https://www.jcci.or.jp/anniversary/declaration.html）を参照。

16　2010年代に発生した八つの気象災害と三つの地震災害の中小企業への影響を分析した井上・長沼（2021）は、気象災害によって、建物の破損・浸水に代表される直接被害のほか、取引先の被災による取引中断や通信ネットワーク・物流の途絶といった間接被害も多数発生することを示している。

近年、大企業のなかには、自社だけではなくサプライチェーン全体の温室効果ガス削減の目標を掲げ、取引先に対して協力を要請するところも出てきている[17]。温室効果ガス削減に対する社会的要請が高まっていけば、こうした動きはさらに広がっていくだろう。

脱炭素に向けた温室効果ガス削減への取り組みは、コストや手間の増加を伴う可能性があり、多くの中小企業にとって頭の痛い話かもしれない。しかし、自社のアピールポイントを増やすチャンスであると、前向きにとらえることもできよう。中小企業が、温室効果ガス削減の取り組みによって収益をあげる事業（以下、「脱炭素ビジネス」という）を行うことも想定される。温室効果ガス削減の手法は多種多様である。そのため、それに関するビジネスの個々の市場のなかには、小規模なものも数多くみられる。大企業よりもむしろ中小企業が活躍できる場面も少なくないからだ。

以下、本書では、こうした中小企業と脱炭素とのかかわりについて詳しく論述していく。次の第１章では、当研究所が2022年８月に実施した「中小企業の脱炭素への取り組みに関する調査」をもとに、中小企業の温室効果ガス削減への取り組み全体と、九つに分類した個々の取り組みの状況を、業種や事業規模などの企業属性別に分析する。そのうえで、取り組みを行った理由とその影響、経営者の考え方と取り組む際の課題を示し、取り組みを加速させていくための方策について論じる。

第２章では、脱炭素ビジネスを八つの分野に分類し、上のアン

17　例えば百貨店大手のJ. フロント リテイリング㈱は、2030年度までにサプライチェーン全体の温室効果ガス排出量を2017年度比で40％削減する目標を定め、取引先に協力を求めている。詳細は同社ホームページ（https://www.j-front-retailing.com/sustainability/low-carbon/low-carbon05.html）を参照。

ケート調査から分野ごとに脱炭素ビジネスの実施状況、売上高に占める割合やその業績について明らかにするとともに、今後に向けた脱炭素ビジネスの課題を提示する。そのうえで、脱炭素ビジネスへの参入に成功した先駆的中小企業８社に対して当研究所が行ったヒアリングをもとに、課題への対応策について考察する。さらに第３章では、これら８社が、なぜ脱炭素ビジネスを始めたのか、事業化に当たって直面した課題をどう克服したのかなどについて、個別に詳しく紹介する。

第４章では、名城大学経済学部の太田志乃准教授に、脱炭素に向けた世界の自動車産業の動向、日本の完成車メーカーと Tier 1 企業の動き、それらを受けた下請企業の取り組みなどを整理していただいた。今後の下請中小企業に求められる役割や新たなビジネスチャンスの可能性についても解説していただく。

第５章は千葉大学大学院社会科学研究院の倉阪秀史教授に、脱炭素に向けて再生可能エネルギーの活用がいかに重要かを示していただいたうえで、脱炭素社会の構築に向けた地域課題をどう解決するのか、地域の中小企業が活躍する場がどこにあるかなどについて論じていただく。

本書では、このような異なる角度からのアプローチによって、脱炭素への道を拓こうとする中小企業を後押しするための方向性を明らかにしていきたい。

参考文献

井上考二・長沼大海（2021）「中小企業における自然災害の被害と備えの実態」日本政策金融公庫総合研究所『日本政策金融公庫論集』第51号、pp.1-40

環境省編（2022）『令和４年版 環境白書・循環型社会白書・生物多様性白書』日経印刷

鈫持麻衣（2021）「都市自治体による温暖化対策条例の最新動向」日本都市センター『都市とガバナンス』第35号、pp.134-147

林野庁編（2009）『平成21年版 森林・林業白書―低炭素社会を創る森林』日本林業協会

The Centre for Research on the Epidemiology of Disasters（CRED）, United Nations Office for Disaster Risk Reduction（UNDRR）（2020）“The human cost of disasters: an overview of the last 20 years（2000-2019）”. https://www.undrr.org/publication/human-cost-disasters-overview-last-20-years-2000-2019

第1章

中小企業の温室効果ガス削減への取り組み

日本政策金融公庫総合研究所
研究主幹　深沼　光
研究員　原澤 大地

1 はじめに

（１）調査実施要領

近年、経済社会の持続可能性に関する議論が世界的に盛んになってきている。そのなかで重要な項目の一つが温室効果ガス削減であり、中小企業も避けて通ることができない課題となりつつあるのは、序章でも整理したとおりである。そこで第１章では、そうした温室効果ガス削減に対して、中小企業がどのように取り組んでいるのか、当研究所が2022年８月に実施した「中小企業の脱炭素への取り組みに関する調査」の結果からみていきたい。

アンケートの実施要領は表１－１に示したとおりである。調査対象は、従業者数５人以上299人以下の不動産賃貸業を除く中小企業とした[1]。調査会社登録の個人モニターから調査対象に該当する企業の経営者を抽出し、経営する企業の脱炭素への取り組みなどについて、インターネットにより回答を求めた。回収数は1,666件である。

なお、回収されたサンプルの業種や従業者数の分布は、わが国における実際の企業分布とは異なる可能性がある。そこで、集計に当たっては、総務省・経済産業省「経済センサス―活動調査」（2016年）の業種別・従業者規模別の企業分布と同じになるようにウエイトづ

1　従業者には、経営者本人（１人）を含む。従業者数４人以下の規模であっても、温室効果ガス削減の取り組みを行っている企業はあるはずだが、規模が大きい企業に比べると、個々の取り組みの実施割合は低いと考え、取り組みを行っている企業のサンプルサイズを確保するために、従業者数４人以下の企業は調査対象に含めなかった。

表１－１　「中小企業の脱炭素への取り組みに関する調査」実施要領

調査時点	2022年８月
調査対象	従業者数５人以上299人以下の中小企業（不動産賃貸業は除く）
調査方法	インターネット調査（無記名）
回 収 数	1,666件

資料：日本政策金融公庫総合研究所「中小企業の脱炭素の取り組みに関する調査」（2022年）（以下同じ）

けを行い、サンプルセレクションバイアスの低減を図った[2]。以下、本章で示すデータはウエイトづけされたものである。ただし、回答数（n）については、実際の回答数を表示する。

（２）アンケート回答企業の属性

ここで、アンケートに回答した企業の属性をみておきたい。まず業種をみると、「製造業」が14.4％で最も多く、続いて、「サービス業」（14.3％）、「建設業」（14.0％）、「医療・福祉」（13.6％）、「小売業」（12.7％）などの順となっている（表１－２）。業種によるウエイトづけを行っているため、これらの割合はわが国の実際の企業分布と同じである[3]。アンケートの分析では業種別に集計したデータも示すが、多くの業種で回答数は100件以上、最も少ない「不動産業」でも37件と、一定の数を確保しているため、業種別の傾向を観察することには大きな問題はないと考えられる。

次に、企業規模に関するデータを確認していこう。まず従業者数の分布をみると、「5～9人」が50.1％を占めている（図１－１）。続

2　ウエイトの詳細は章末表（pp.65-68）参照。
3　「不動産賃貸業」を調査対象外としているため、厳密にはわずかだが誤差が発生している。

表１－２　業　種

（単位：％）

業　種	割　合	n	業　種	割　合	n
建設業	14.0	271	飲食店・宿泊業	11.5	111
製造業	14.4	262	医療・福祉	13.6	134
情報通信業	1.7	112	教育・学習支援業	2.4	70
運輸業	3.4	114	サービス業	14.3	279
卸売業	8.3	95	不動産業	1.8	37
小売業	12.7	141	その他	1.9	40

（注）１　「持ち帰り・配達飲食サービス業」は「小売業」に含む。「不動産賃貸業」は除く（以下同じ）。
２　割合はウエイトづけして算出した値。ただしｎは実際の回答数（以下同じ）。
３　構成比は小数第２位を四捨五入して表示しているため、合計は100％にならない場合がある（以下同じ）。

図１－１　従業者数

（単位：％）
（n＝1,666）

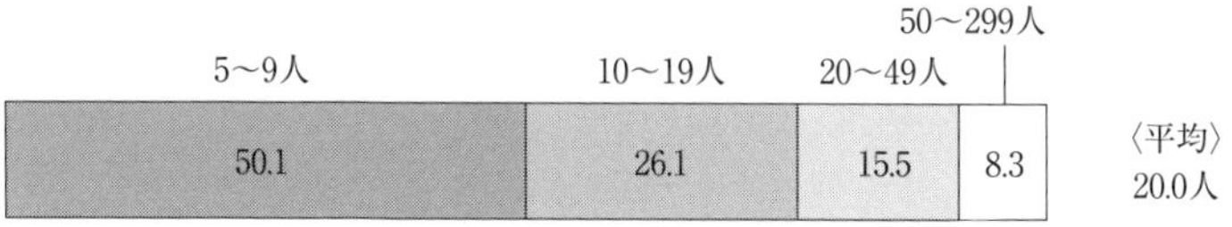

いて、「10～19人」が26.1％、「20～49人」が15.5％、「50～299人」が8.3％となっており、平均は20.0人であった。従業者数についてもウエイトづけを行っているため、各割合は、従業者数４人以下を除いた場合の、わが国の従業者規模別の企業割合と同じである[4]。

企業規模のもう一つの指標である、年商（年間売上高）別の分布をみると、「1,000万円未満」が9.2％、「1,000万円以上5,000万円未満」が25.9％、「5,000万円以上１億円未満」が22.6％、「１億円

4　脚注３に同じ。

図１－２　年商（年間売上高）

（単位：％）
（n＝1,666）

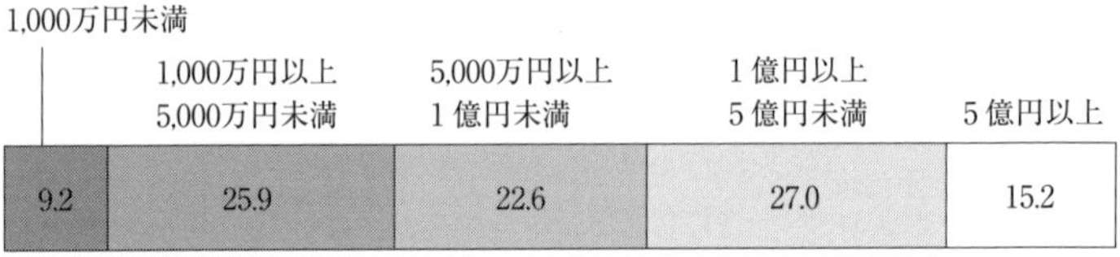

（注）年商はカテゴリーで尋ねているため平均値は算出できない。

以上５億円未満」が27.0％、「５億円以上」が15.2％となった（図１－２）。カテゴリーで尋ねているため平均値は算出できないが、中央値は5,000万円以上１億円未満であった。

なお、新型コロナウイルス感染症の売り上げ状況への影響を尋ねたところ、「大いにマイナスの影響があった」（33.0％）、「少しマイナスの影響があった」（25.4％）を合わせた58.4％が、マイナスの影響があったと回答している[5]。そのためか、調査時点の売り上げ状況は、「増加傾向」が19.2％と、「減少傾向」の37.8％を大きく下回ったほか、「横ばい」との回答も43.1％みられた。

業況をみても、「良い」が9.9％、「やや良い」が33.1％、「やや悪い」が35.3％、「悪い」が21.6％で、全体として好調とはいえないようだ（図１－３）。「良い」「やや良い」の割合から「やや悪い」「悪い」の割合を差し引いたDIは-13.9と、マイナスの値になっている。ただ、当研究所が実施している「全国中小企業動向調査」における2022年7-9月期の業況判断DIは、小企業編の従業者数

5　一方で、「大いにプラスの影響があった」（3.7％）、「少しプラスの影響があった」（10.8％）を合わせた14.5％が、新型コロナウイルス感染症が売り上げ状況にプラスに作用したと答えている。このほか、「どちらともいえない」との回答が27.1％あった。

図１－３　業　況

（単位：％）
（n＝1,666）

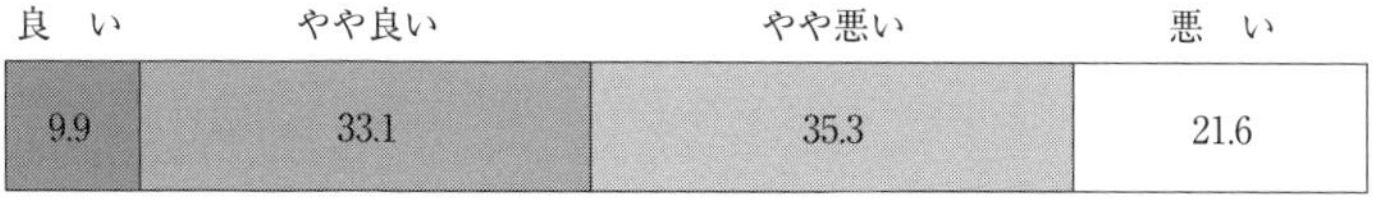

図１－４　業　歴

（単位：％）
（n＝1,666）

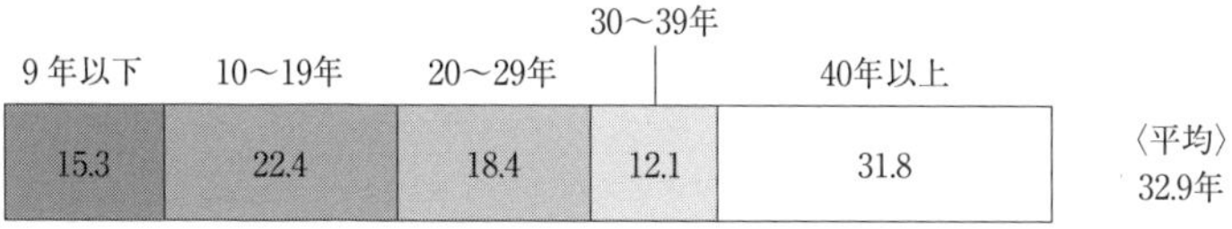

（注）業歴は、2022年から開業した年の西暦を差し引いて算出した。

「5～9人」「10～19人」の企業がそれぞれ -25.2、-15.4、中小企業編が5.5であり、今回のサンプルの従業者数の分布状況を考えると、大きな偏りはないと推測される[6]。

続いて業歴をみると、平均は32.9年であった（図１－４）[7]。その分布は、「９年以下」（15.3％）、「10～19年」（22.4％）、「20～29年」（18.4％）、「30～39年」（12.1％）、「40年以上」（31.8％）と幅広い。なお、調査時点の経営形態は、個人経営が28.3％、株式会社などの法人経営が71.7％となっている。

6　当研究所「全国中小企業動向調査」のサンプルは、小企業編が原則従業者20人未満、中小企業編が原則従業員（経営者を含まない）20人以上である。

7　業歴はアンケートでは直接尋ねていないため、調査を実施した2022年から開業した年の西暦を差し引いて算出した。個人経営で開業した後に法人を設立した場合は、法人設立年ではなく個人経営での開業年を基準としている。

図１－５　経営者の年齢

（単位：％）
（n＝1,666）

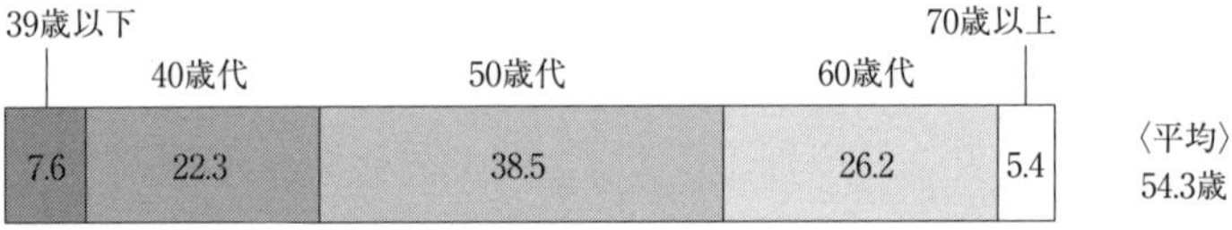

最後に、回答企業の経営者の年齢分布をみると、「39歳以下」が7.6％、「40歳代」が22.3％、「50歳代」が38.5％、「60歳代」が26.2％、「70歳以上」が5.4％で、平均年齢は54.3歳となった（図１－５）。日本の企業経営者の平均年齢62.3歳と比べると、やや若い経営者層のサンプルであるといえる[8]。これは、調査をインターネットによって実施したため高齢者層の回答が少なかったこと、平均年齢の高い従業者数「1～4人」の層を調査対象外としたことが原因と推測されるが、調査結果に大きな影響を与えるほどの違いではないものとして、以下の分析を進める[9]。なお、経営者の性別は「男性」が90.7％、「女性」が9.3％であった。

ここまで、第１節ではアンケートの実施要領と回答企業や経営者の基本的な属性を確認した。続く第２節以降では、中小企業の温室効果ガス削減への取り組みに関する調査結果を紹介するが、必要に応じて、本節で提示した企業や経営者の属性を切り口に分析を進めていく。

8　2023年１月時点。㈱帝国データバンクの企業情報データベースをもとに算出した値である。

9　㈱帝国データバンクの企業情報データベースをもとに算出した従業者規模別の経営者の平均年齢は、従業者数「１～４人」で63.6歳、調査対象である「５～299人」で61.0歳であった（2023年１月時点）。

2 取り組みの実施状況

（１）取り組みの実施企業割合

序章で述べたように、中小企業には、温室効果ガス削減につながるさまざまな取り組みを行うことが期待されている。そこで、第２節では、個々の取り組みがどの程度実施されているのか、現在と３年前の状況を比較しながらみていく。現在は調査時点である2022年８月、３年前は新型コロナウイルス感染症流行前の2019年８月を指す[10]。

アンケートでは、まず温室効果ガス削減につながる取り組み「全体」について、各企業の取り組み状況などを尋ねた[11]。そのうえで、九つの個々の取り組みについて調査した（表１－３）。

まず、現在の実施状況について調査結果をみよう。取り組み「全体」では、「大いに実施している」（6.2％）と「ある程度実施している」（38.7％）を合わせた「実施」している企業の割合（以下、実施企業割合）は44.9％であった（図１－６）。これに対し、「ほとんど実施していない」と回答した企業も55.1％存在している。

個々の取り組みについて実施企業割合をみると、自社で使った紙、プラスチック、建築廃材などを再利用できる状態で排出する「リサイクル」が53.3％と最も高く、高効率機器導入、断熱、節電、物流効率化などの「省エネルギー」（50.7％）、再生された紙、プラス

10　アンケート調査画面には、「３年前（2019年）」と表示したうえで、時期をより明確に示すために、「新型コロナウイルス感染症の患者が日本で初めて確認されたのが2020年１月」と注記した。

11　「全体」は、温室効果ガス削減につながる取り組み全体を意味しており、個々の取り組みを合わせたものではない。そのため、後述する個々の取り組みの実施企業割合が、「全体」を上回ることがある。

表１－３　温室効果ガス削減につながる取り組み

全　体		温室効果ガス削減につながる取り組み全体
個々の取り組み	省エネルギー	高効率機器導入、断熱、節電、物流効率化など
	再生可能エネルギーの利用	太陽光・風力・バイオマス発電、木質ボイラー・バイオ燃料利用など
	エネルギー以外の資源消費削減	紙・プラスチック・発泡スチロールの使用量削減、プラスチックの紙・木・バイオプラスチックへの切り替えなど
	リサイクル	自社で使った紙、プラスチック、建築廃材などの再利用できる状態での排出
	リサイクル製品の使用	再生された紙、プラスチック、建築材料などの使用
	次世代自動車の導入	電気自動車・燃料電池車などの導入（ハイブリッド車は除く）
	温室効果ガス自体の使用量削減	冷媒・洗浄剤の変更、温室効果ガス使用の少ない機器の導入など
	人の移動の抑制	テレワーク、リモート会議、出張抑制など
	温室効果ガスの吸収	屋上緑化・植林など

チック、建築材料などの「リサイクル製品の使用」（50.1％）と続く。ここまでの三つの取り組みは、半数以上の企業が実施していた。

そのあとは、紙・プラスチック・発泡スチロールの使用量削減、プラスチックの紙・木・バイオプラスチックへの切り替えなどの「エネルギー以外の資源消費削減」（46.9％）、テレワーク、リモート会議、出張抑制といった「人の移動の抑制」（36.7％）、冷凍・冷蔵・空調機器の冷媒の変更、洗浄剤の変更、温室効果ガス使用の少ない機器の導入などの「温室効果ガス自体の使用量削減」（32.2％）、太陽光・風力・バイオマス発電、木質ボイラー・バイオ燃料の利用な

図1－6　取り組みの実施状況（現在）

（単位：%）
（n＝1,666）

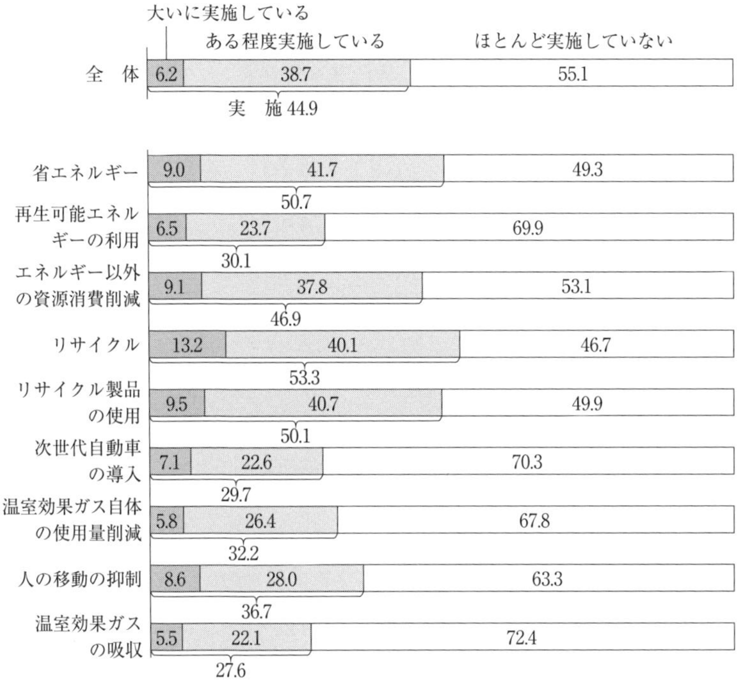

（注）1　「全体」は、温室効果ガス削減につながる取り組み全体についての評価で、個々の取り組みを合わせたものではない（以下同じ）。
2　「実施」は「大いに実施している」「ある程度実施している」の合計。

どの「再生可能エネルギーの利用」（30.1%）の順となっている。電気自動車や燃料電池車の使用をはじめとする「次世代自動車の導入」は29.7%と、個々の取り組みのなかでは低い割合になった[12]。屋上緑化・植林をはじめとする「温室効果ガスの吸収」も27.6%と低めである。

12　ここでは、次世代自動車にはハイブリッド車を含まない。アンケートでは尋ねていないが、ハイブリッド車を含めた場合には、実施企業割合はより高くなると予想される。なお、電気自動車や燃料電池車については、第4章で詳しく紹介する。

続いて、３年前の実施状況をみると、取り組み「全体」では、「大いに実施していた」(7.2%)、「ある程度実施していた」(34.7%)を合わせた実施企業割合は41.9%であった（図１－７）[13]。前述のとおり現在の実施企業割合は44.9%であり、３年前から現在にかけて、わずかではあるが取り組む企業が増えているといえる[14]。

個々の取り組みの３年前の実施企業割合は、現在と同じく「リサイクル」(55.8%)、「省エネルギー」(52.5%)、「リサイクル製品の使用」(51.2%）の順で、水準はいずれも現在よりも少し高かった。

九つの取り組みのうち現在にかけて実施企業割合が高まったのは、「再生可能エネルギーの利用」(３年前が28.3%、現在が30.1%)、「エネルギー以外の資源消費削減」(同45.5%、46.9%)、「次世代自動車の導入」(同29.4%、29.7%)、「人の移動の抑制」(同34.6%、36.7%）の四つにとどまっている[15]。残りの五つは実施企業割合が低下しており、必ずしもすべての取り組みが、同じように進んでいるわけではないようだ[16]。

（２）業種別にみた実施企業割合

現在の実施企業割合を業種別にみてみよう。まず取り組み「全体」については、「卸売業」(53.9%)、「製造業」(49.5%)、「小売業」

13　３年前のデータは、３年以内に開業した企業を除く1,626件のもの。
14　３年以内に開業した企業を除いた1,626件の、取り組み「全体」についての現在の実施企業割合は45.2%で、除かない場合の回答企業1,666件の44.9%と大差はない。そのため、本文中の現在のデータは、図１－６で示した1,666件のものを示した。
15　「人の移動の抑制」の動きには、新型コロナウイルス感染症の流行により、テレワークやリモート会議を導入する企業が増えたことも影響していると考えられる。
16　現在の実施企業割合を３年以内に開業した企業を除いて集計し、３年前の実施企業割合と比較しても、上昇した取り組みが四つ、低下した取り組みが五つと、変化の傾向に違いはみられなかった。

図1－7　取り組みの実施状況（3年前）

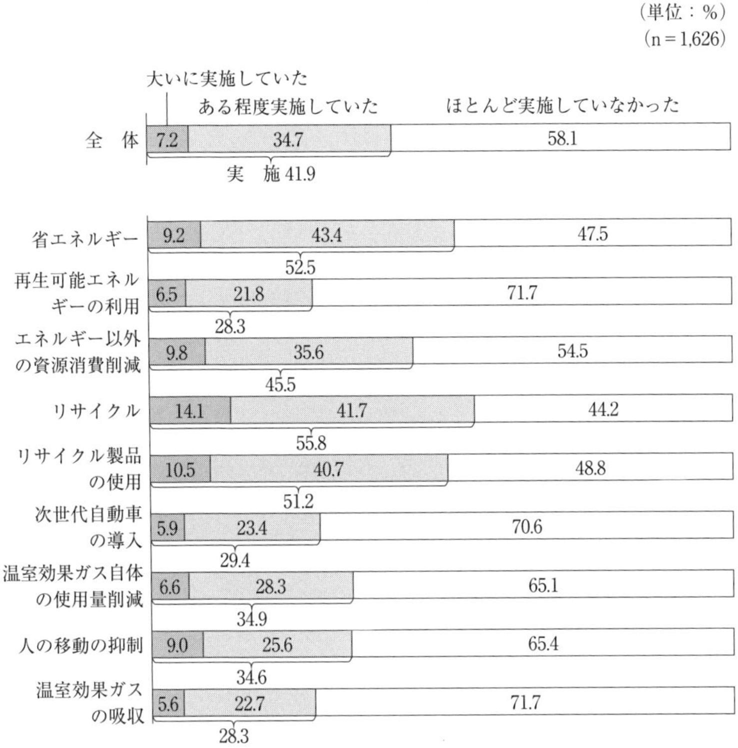

（注）1　「実施」は「大いに実施していた」「ある程度実施していた」の合計。
　　　2　「3年前」は3年以内に開業した企業を除く（以下同じ）。

(48.1%)、「情報通信業」(46.1%)、「教育・学習支援業」(45.9%)、「サービス業」(45.2%) の順で、ここまでが「全業種計」の割合を上回った（表1－4）[17]。一方、「その他」(32.4%)、「飲食店・宿泊業」(39.3%)、「医療・福祉」(39.9%) などは実施企業割合が低い。

17　表1－4では50％以上と40％以上50％未満について、2段階の網かけを施した。これは、割合の違いをわかりやすく示すためであり、境界の数値に必ずしも意味があるわけではない。本章の以下の表も同様である。

表１－４　実施企業割合（現在、業種別）

（単位：％）

	建設業	製造業	情報通信業	運輸業	卸売業	小売業	飲食店・宿泊業	医療・福祉	教育・学習支援業	サービス業	不動産業	その他	全業種計
全　体	43.4	49.5	46.1	42.9	53.9	48.1	39.3	39.9	45.9	45.2	40.5	32.4	44.9
省エネルギー	47.6	54.8	44.8	49.0	59.6	55.1	51.0	47.2	42.6	48.5	51.4	32.0	50.7
再生可能エネルギーの利用	34.4	31.0	25.2	30.1	34.3	34.2	23.0	29.2	24.6	28.5	30.0	22.2	30.1
エネルギー以外の資源消費削減	43.7	50.8	43.3	36.9	48.1	54.4	49.4	44.4	43.3	44.7	33.7	41.0	46.9
リサイクル	51.6	60.0	53.3	47.6	55.6	56.6	51.0	45.8	51.5	57.2	39.3	45.1	53.3
リサイクル製品の使用	50.2	47.8	53.7	40.8	53.8	60.6	50.8	43.0	45.9	51.8	42.1	43.3	50.1
次世代自動車の導入	32.9	26.2	30.2	29.8	42.5	30.4	27.6	24.2	24.8	29.7	27.8	30.5	29.7
温室効果ガス自体の使用量削減	32.4	34.8	32.3	32.0	38.4	31.6	29.0	28.7	28.2	31.8	30.6	41.8	32.2
人の移動の抑制	34.7	37.6	64.7	26.1	54.7	31.4	28.0	29.6	40.5	41.7	41.1	51.1	36.7
温室効果ガスの吸収	28.1	29.5	29.6	23.2	32.0	24.1	25.8	24.9	27.7	29.6	34.3	28.7	27.6
n	271	262	112	114	95	141	111	134	70	279	37	40	1,666

（注）１　実施企業割合は「大いに実施している」「ある程度実施している」の合計。
　　　２　濃い網かけは50％以上、薄い網かけは40％以上50％未満。

個々の取り組みの実施企業割合について、「全体」で最も高い割合となった卸売業をみると、「省エネルギー」が59.6％と最も取り組んでいる企業が多く、「リサイクル」が55.6％、「人の移動の抑制」が54.7％でそれに続く。業種の特性からか、事務所や倉庫の省エネルギー化に加え、包装資材のリサイクル、在宅勤務、インターネットによる商談などが進んでいることがうかがえる。

「全体」の実施企業割合が２番目の製造業では、「リサイクル」(60.0％)、「省エネルギー」(54.8％)、「エネルギー以外の資源消費削減」(50.8％)の順となった。ほかの業種に比べてエネルギーを大量に消費するケースが多い製造業では、以前から省エネルギーが進んでいたと考えられるが、製造段階での廃棄物のリサイクル、製品の小型化や包装の簡素化などによるエネルギー以外の資源消費削減などへの取り組みも、ほかの業種と比べて積極的に行われているようだ。

３番目の小売業では、「リサイクル製品の使用」(60.6％)、「リサイクル」(56.6％)、「省エネルギー」(55.1％)と続いており、包装資材をリサイクル可能なものに変更したり、包装自体を簡素化したりといった取り組みが行われていることがうかがえる。

４番目の情報通信業では、「人の移動の抑制」が64.7％と、際立って高いのが目立つ。プログラミングなど自宅で一人で進めることのできる作業工程が多いことから、インターネットの活用がほかの業種よりも進んでいるためと考えられる。

そのほかの業種でも、さまざまな取り組みが行われている。なかでも、「省エネルギー」「リサイクル」「リサイクル製品の使用」が、実施企業割合が比較的高いようだ。

（３）企業属性と実施企業割合

業種以外の企業属性と実施企業割合の関係をみてみよう。まず、従業者規模別にみると、「50～299人」は３年前の実施企業割合が

図１－８　実施企業割合（取り組み全体、従業者規模別）

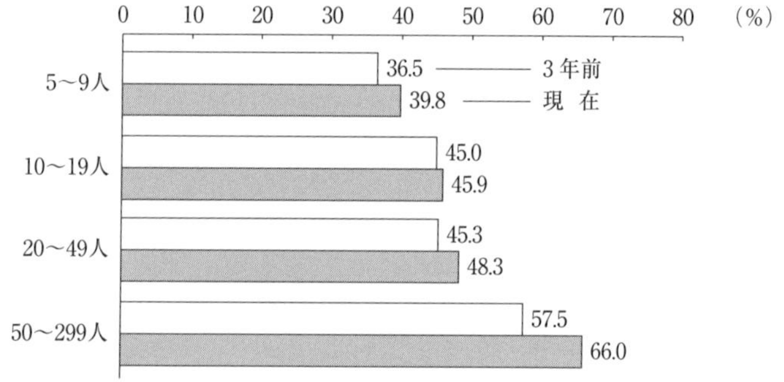

（注）１　実施企業割合は、「大いに実施している」「ある程度実施している」または「大いに実施していた」「ある程度実施していた」の合計（以下同じ）。
２　nの記載は省略（図１－13まで同じ。ただし図１－11は除く）。
３　従業者数は現在のもの。

57.5%、現在が66.0%、「20～49人」はそれぞれ45.3%、48.3%、「10～19人」はそれぞれ45.0%、45.9%、「5～9人」はそれぞれ36.5%、39.8%と、従業者数が多い企業ほど取り組みが進んでいることがわかる（図１－８）。「50～299人」の企業では３年間で8.5ポイントとほかの規模に抜きん出て割合を高めており、「5～9人」が3.3ポイント上昇で、それに続く。３年間で小規模層での実施企業割合の底上げが進む一方で、規模間の差は大きくなる傾向にあるようだ[18]。

年商規模別にみると、「５億円以上」では３年前の実施企業割合が51.4%、現在が59.0%、「１億円以上５億円未満」ではそれぞれ47.3%、48.6%、「5,000万円以上１億円未満」ではそれぞれ40.3%、

18　３年以内に開業した企業を除いて比較しても、除かない場合と比べて割合の変化の傾向に違いはみられなかった。以下、図１－９、図１－10、図１－12、図１－13の各データについても、同様である。

図１－９　実施企業割合（取り組み全体、年商規模別）

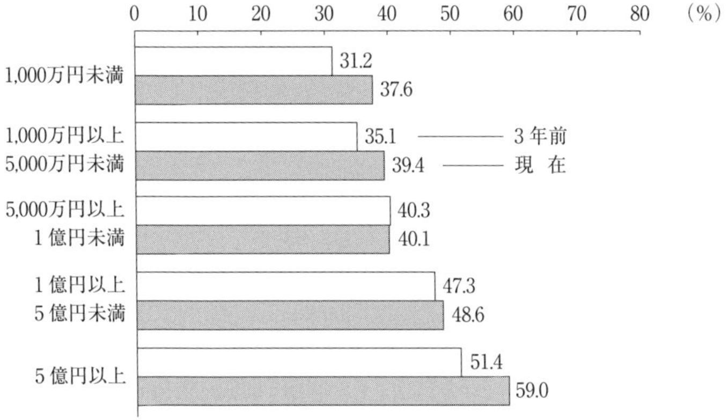

（注）年商は現在のもの。

40.1％などとなっており、やはり事業の規模が大きい企業ほど取り組みを行っている割合が高い（図１－９）。また、３年間の伸びは「５億円以上」が7.6ポイントと最も高く、続いて「1,000万円未満」が6.4ポイントとなっており、ここでも小規模層の底上げと、規模間格差の拡大傾向が観察された。

業況別の実施企業割合は、業況が「良い」企業で、３年前が53.0％、現在が55.8％、「やや良い」企業で、それぞれ46.9％、46.8％、「やや悪い」企業で、それぞれ38.9％、43.8％、「悪い」企業で、それぞれ34.2％、38.8％と、業況が良いほど実施割合が高い（図１－10）。ただし、３年前と比べると「良い」が2.8ポイント上昇、「やや良い」が0.1ポイント低下であるのに対し、「悪い」は4.6ポイント、「やや悪い」は4.9ポイント、それぞれ上昇しており、業況の差による実施企業割合の違いは、やや縮小しているようである。

ここで、逆に現在の取り組みの実施状況別に業況をみると、業況

図１－10　実施企業割合（取り組み全体、業況別）

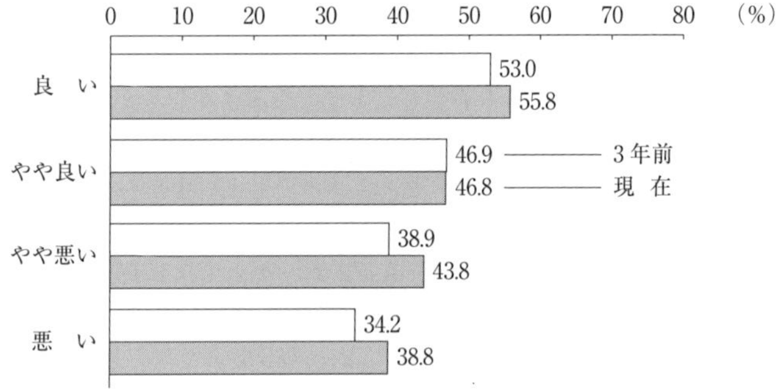

（注）業況は現在のもの。

図１－11　実施状況別の業況（取り組み全体、現在）

（単位：%）

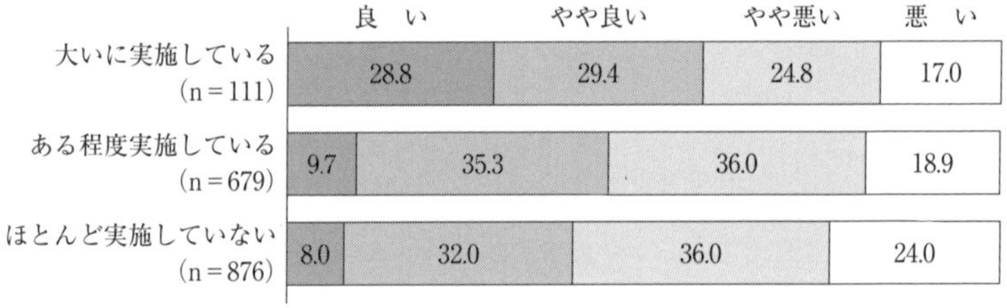

が「良い」割合は、「大いに実施している」企業で28.8%、「ある程度実施している」企業で9.7%、「ほとんど実施していない」企業で8.0%、「悪い」企業の割合は、それぞれ17.0%、18.9%、24.0%となった（図１－11）。温室効果ガス削減に向けた取り組みの実施に積極的な企業ほど、業況が良い傾向があることがわかる。

このように、業況と実施企業割合には正の相関があるようだ。ただし、業況が良い企業が経営に余裕があって取り組みを積極的に行ったのか、取り組みを行うことが業況の改善に貢献したのか、どちらの因果関係が強いのかは、データからは明確には判断できない

図1－12　実施企業割合（取り組み全体、業歴別）

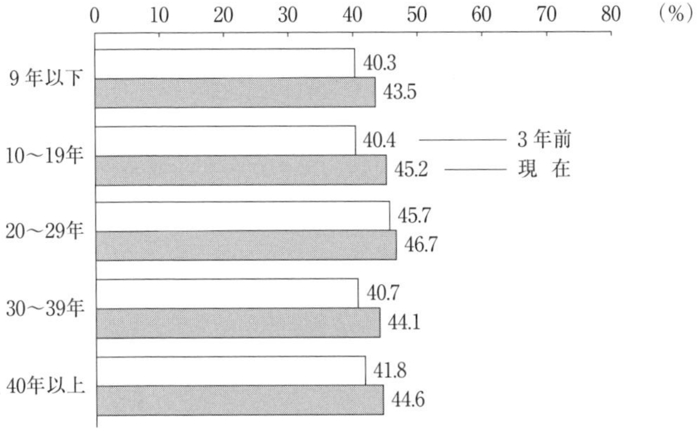

（注）業歴は現在のもの。

ことに注意する必要がある。

属性の最後として、業歴と経営者の年齢について、実施状況への影響を確認したい。まず、業歴別の実施企業割合をみると、「9年以下」では3年前が40.3％、現在が43.5％、「10～19年」がそれぞれ40.4％、45.2％、「20～29年」がそれぞれ45.7％、46.7％などといった結果となった（図1－12）。老舗企業の方が進んでいる、あるいは、新しく生まれた企業の方が進んでいるといったような、業歴による取り組みの実施状況の違いは、明確には観察されなかった。

一方、経営者の年齢別では、「70歳以上」の場合に3年前が61.5％、現在が61.3％と、飛び抜けて実施企業割合が高くなった（図1－13）。「39歳以下」（同45.2％、48.3％）、「60歳代」（同44.6％、49.8％）が、ほぼ同水準でそれに続く。「40歳代」（同40.7％、40.4％）、「50歳代」（同37.3％、41.1％）は、相対的に水準が低い。このように、若い世代の経営者が環境問題に対して敏感

図1－13　実施企業割合（取り組み全体、経営者の年齢別）

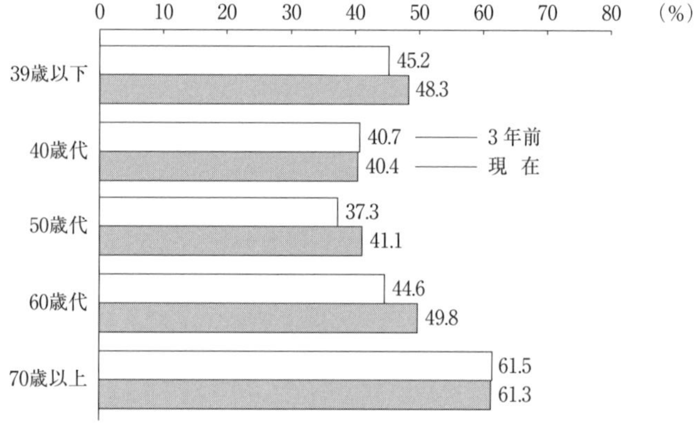

（注）経営者の年齢は現在のもの。

といえそうであるものの、一方で高齢の経営者がそれ以上に積極的に、温室効果ガス削減に取り組んでいるという結果が得られた。

3　同業他社と比べた進捗状況

（１）取り組みの進捗状況

第２節では、絶対的水準ともいえる、取り組みの実施企業割合を確認した。これに対し第３節では、相対的な指標として、それぞれの取り組みの、現在における、同業他社と比べたときの進捗状況をみていきたい[19]。

まず、温室効果ガス削減につながる取り組み「全体」についてみると、「大いに進んでいる」（3.4%）と「やや進んでいる」（9.8%）

19　第３節以降で使用するデータについては、３年前に関する情報は取得していないため、紹介するのは、すべて調査時点の状況である。

図１－14　同業他社と比べた進捗状況

（単位：%）
（n＝1,666）

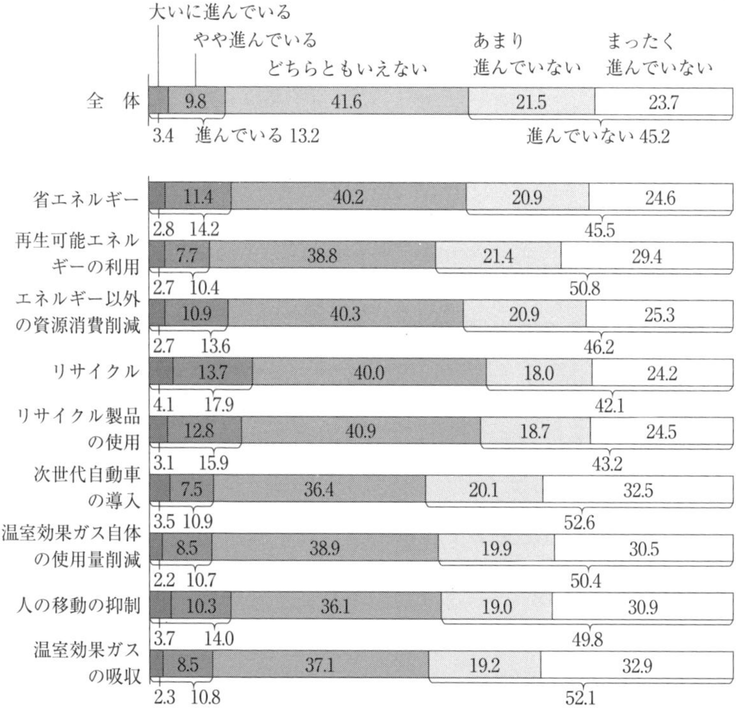

（注）「進んでいる」は「大いに進んでいる」「やや進んでいる」、「進んでいない」は「あまり進んでいない」「まったく進んでいない」の合計（以下同じ）。

を合わせた、同業他社と比べて「進んでいる」と回答した企業の割合は13.2％にとどまっている（図１－14）。このほか、「どちらともいえない」は41.6％、「あまり進んでいない」（21.5％）と「まったく進んでいない」（23.7％）を合わせた、「進んでいない」企業は45.2％となった。

取り組み「全体」について、「進んでいる」とする企業の割合は、第２節でみた実施状況の「大いに実施している」（6.2％）よりは高いものの、「ある程度実施している」(38.7%) を加えた実施企業割合の44.9%と比べるとかなり低い。

個々の取り組み別にみると、「進んでいる」企業の割合が最も高いのは「リサイクル」の17.9%で、続いて「リサイクル製品の使用」が15.9%、「省エネルギー」が14.2%、「人の移動の抑制」が14.0%などとなっている。一方、「進んでいる」企業の割合が低いのは、順に「再生可能エネルギーの利用」(10.4%)、「温室効果ガス自体の使用量削減」(10.7%)、「温室効果ガスの吸収」(10.8%)などであった。実施企業割合（前掲図1－6）と比べると、若干の順位の変動はあるものの、上位あるいは下位には、ほぼ同じ取り組みが含まれているようだ。

（2）業種別にみた進捗状況

温室効果ガス削減につながる取り組みの同業他社と比べた進捗状況を業種別にみると、「進んでいる」と回答した企業の割合は、取り組み「全体」については、「卸売業」(18.9%)、「不動産業」(16.3%)、「教育・学習支援業」(15.6%)、「小売業」(15.4%) の順に高くなった（表1－5）。一方、「その他」(6.7%)、「運輸業」(9.8%)、「建設業」(9.9%) では、「進んでいる」との回答は1割に満たなかった。

続いて、個々の取り組みの業種別の状況をみていく。個々の取り組みのなかで最も「進んでいる」企業の割合が高かった「リサイクル」は、多くの業種で比較的取り組みが進んでいるようだ。特に、卸売業 (23.7%)、不動産業 (23.6%)、教育・学習支援業 (23.2%)、製造業 (20.5%) では、「進んでいる」企業の割合が2割を超えて

表１－５　進んでいる企業の割合（現在、業種別）

（単位：％）

	建設業	製造業	情報通信業	運輸業	卸売業	小売業	飲食店・宿泊業	医療・福祉	教育・学習支援業	サービス業	不動産業	その他	全業種計
全　体	9.9	13.2	13.2	9.8	18.9	15.4	13.4	13.9	15.6	11.2	16.3	6.7	13.2
省エネルギー	11.3	15.8	14.3	12.5	22.0	14.4	12.0	15.7	15.3	11.9	16.3	9.0	14.2
再生可能エネルギーの利用	12.0	10.6	10.3	9.2	7.3	12.0	8.7	13.6	5.7	7.6	20.5	6.7	10.4
エネルギー以外の資源消費削減	10.4	15.1	13.3	11.8	15.0	15.2	17.9	14.1	15.3	8.7	14.6	13.7	13.6
リサイクル	16.6	20.5	17.0	16.9	23.7	18.5	14.9	17.4	23.2	14.1	23.6	18.9	17.9
リサイクル製品の使用	12.9	17.8	16.9	15.5	21.8	17.8	12.1	17.8	19.6	13.0	18.3	11.7	15.9
次世代自動車の導入	9.7	9.0	12.1	12.7	10.6	11.2	10.7	14.2	8.3	10.5	12.3	13.5	10.9
温室効果ガス自体の使用量削減	9.0	12.2	10.3	10.7	12.1	14.8	8.6	12.0	7.2	7.6	14.6	7.2	10.7
人の移動の抑制	12.4	11.3	34.3	8.3	24.2	12.6	12.3	9.5	23.1	15.5	19.9	18.9	14.0
温室効果ガスの吸収	9.1	10.9	11.0	10.5	13.4	8.3	14.2	13.2	9.8	7.1	18.3	11.3	10.8
n	271	262	112	114	95	141	111	134	70	279	37	40	1,666

（注）濃い網かけは20％以上、薄い網かけは15％以上20％未満。

いる。個々の取り組みで２番目に回答割合の高かった「リサイクル製品の使用」でも、卸売業が21.8％と最も多くなったほか、ほとんどの業種で15％以上となっている。続く「省エネルギー」も、卸売業が22.0％で１位となっており、そのほかにも四つの業種で

図１－15　進んでいる企業の割合（取り組み全体、従業者規模別）

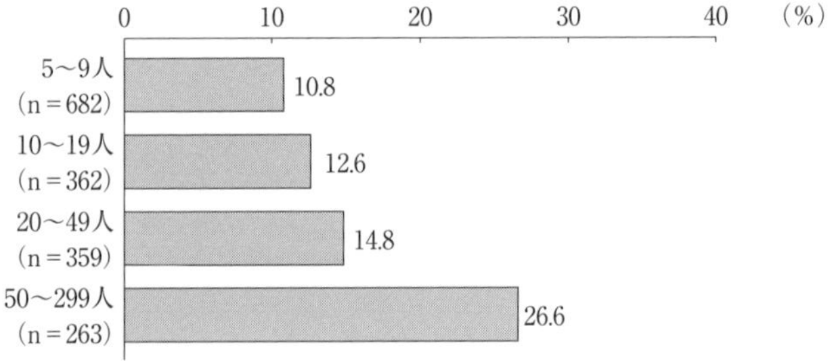

15％以上となった。

また、取り組み別、業種別で最も高い割合となったのは、「人の移動の抑制」の情報通信業で、34.3％であった。この取り組みについては、卸売業（24.2％）、教育・学習支援業（23.1％）も、比較的高い割合となった。第２節でも述べたように、これらの業種は、オンラインの活用を比較的進めやすいからであると考えられる。

ここまで、個々の取り組みと業種を切り口に同業他社と比べた進捗状況をみてきたが、全体に水準は低いものの、取り組み別と業種別の傾向は、第２節でみた実施企業割合と比べて大きな違いはなかった。

（３）企業属性と進捗状況

続いて、企業属性別に取り組みの進捗状況をみていこう。まず、従業者規模別に取り組みが「進んでいる」企業の割合をみると、「50～299人」が26.6％、「20～49人」が14.8％、「10～19人」が12.6％、「5～9人」が10.8％と、規模が大きい企業の方が、取り組みが進んでいるとの回答が多かった（図１－15）。

年商規模別にみると、「５億円以上」が18.6％、「１億円以上５億

図１－16　進んでいる企業の割合（取り組み全体、年商規模別）

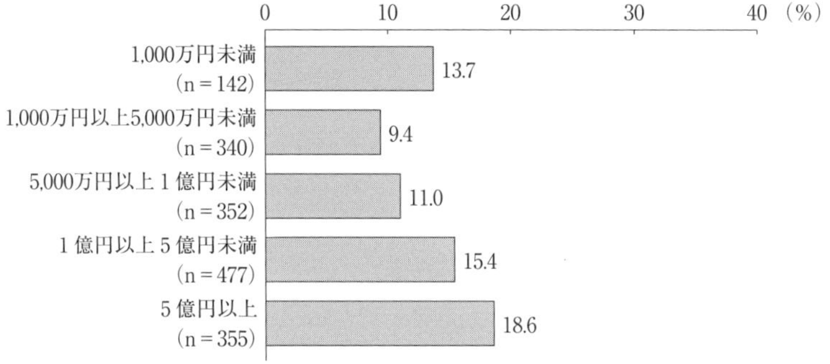

円未満」が15.4%、「5,000万円以上１億円未満」が11.0%、「1,000万円以上5,000万円未満」が9.4%となっている（図１－16）。「1,000万円未満」は13.7%であったものの、ここでも従業者規模別と同じく、おおむね規模が大きい企業の方が、取り組みが進んでいるといってよいだろう。

このように事業規模が大きいほど同業他社と比べて取り組みが進んでいるという傾向は、第２節でみた実施企業割合の傾向とも一致している。

業況については、「良い」企業では「進んでいる」企業の割合が34.9%と、「やや良い」企業の15.9%と比べてかなり高い割合となった（図１－17）。「やや悪い」企業は7.7%、「悪い」企業は8.0%で、やはり実施企業割合と同様に、業況が良い方が、取り組みが進んでいる企業が多いようだ。

逆に、取り組みの進捗状況別に業況をみると、業況が「良い」割合は、「大いに進んでいる」企業で28.5%、「やや進んでいる」企業で25.6%、「どちらともいえない」企業で7.9%と、取り組みが進んでいる企業ほど業況が良いという結果になった（図１－18）。

図１－17　進んでいる企業の割合（取り組み全体、業況別）

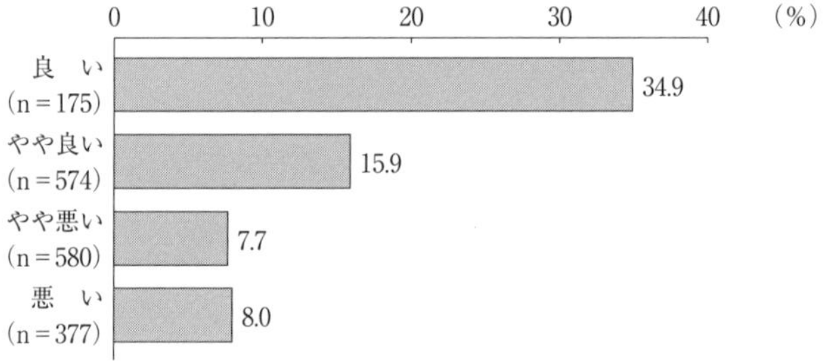

図１－18　進捗状況別の業況（取り組み全体）

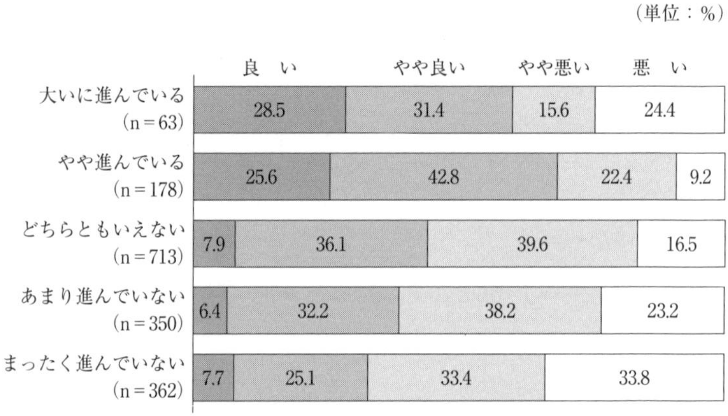

「あまり進んでいない」は6.4%、「まったく進んでいない」は7.7%と、「どちらともいえない」と同程度の水準である。一方で、業況が「悪い」割合をみると、「大いに進んでいる」企業が24.4%と、「やや進んでいる」企業の9.2%を上回った。しかし、それを除けば、「どちらともいえない」企業で16.5%、「あまり進んでいない」企業で23.2%、「まったく進んでいない」企業で33.8%と、取り組みが進んでいない企業ほど、業況が悪くなるという傾向がみられた。

図1－19　進んでいる企業の割合（取り組み全体、業歴別）

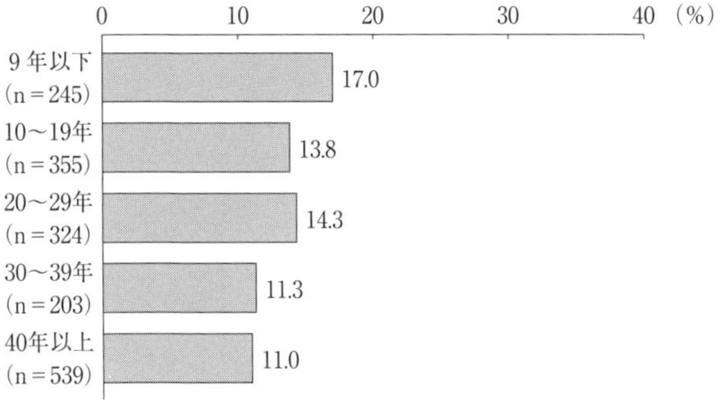

このように、全体でみれば、第2節でみた実施状況と同じく、取り組みの進み具合いと業況には、正の相関があるといえそうである[20]。

次に、業歴別にみると、「9年以下」が17.0%、「10～19年」が13.8%、「20～29年」が14.3%、「30～39年」が11.3%、「40年以上」が11.0%と、業歴が長くなるほど同業他社と比べて取り組みの進捗が遅いと考えているところも多くなる傾向がみられた（図1－19）。

経営者の年齢別の「進んでいる」企業の割合は、「39歳以下」が27.9%、「40歳代」が11.5%、「50歳代」が11.0%、「60歳代」が12.3%、「70歳以上」が18.8%と、実施企業割合と同じく若い経営者と高齢の経営者で高くなった（図1－20）。ただ、水準をみると、「70歳以上」が「39歳以下」よりも高かった実施企業割合とは逆に、「39歳以下」が「70歳以上」を上回っている。

20　第2節で実施企業割合と業況の関係について指摘したのと同様に、取り組みが進んでいるために業況が良くなったのか、業況が良いために取り組みが進んだのか、どちらの因果関係があるのかは明確には判断できないことに、注意する必要がある。

図１－20　進んでいる企業の割合（取り組み全体、経営者の年齢別）

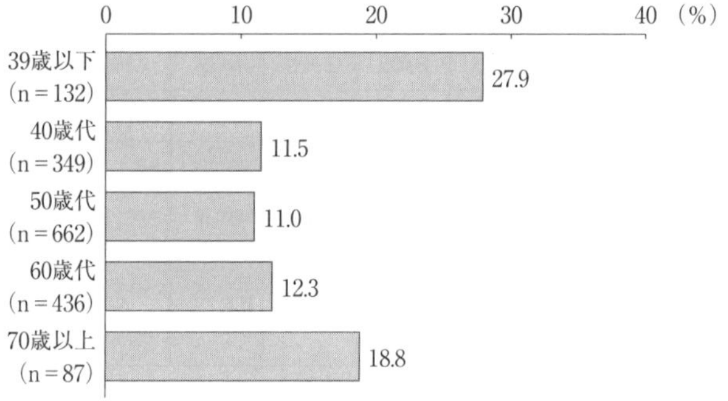

4　取り組みの理由と経営への影響

（１）取り組みを行った理由

第２節と第３節では、温室効果ガス削減につながる取り組みを中小企業がどの程度実施しているのか確認した。本節では、現在取り組みを実施している企業にターゲットを絞り、どのような理由で実施したのか、それが経営にどのような影響を与えたのかをみていきたい[21]。

まず、温室効果ガス削減につながる取り組みを行った理由を尋ねたところ、取り組み「全体」では、「企業としての責任だと思うため」(25.4％)、「社会的に求められているため」(24.2％）といった企業の業績向上には必ずしもつながらない選択肢が１位、２位となった（表１－６）[22]。収支状況の改善につながる可能性がある

21　分析対象は、個々の取り組みについて、現在、「大いに実施している」「ある程度実施している」と回答した企業。そのため、回答数（n）は、それぞれの取り組みで異なっている。

22　最も当てはまるものから三つまでの複数回答で尋ねた。ただし、「特に理由はない」を選択した場合は、ほかの選択肢は回答できない。

表1－6　取り組みを行った理由（実施企業、三つまでの複数回答）

（単位：％）

	企業としての責任だと思うため	社会的に求められているため	コストを削減するため	企業イメージ向上のため	外部から要請されたため	新たなビジネスチャンスが得られるため	売り上げを増やすため	法律で定められているため	補助金・優遇税制が利用できたため	資金を調達しやすくするため	その他	特に理由はない	n
全　体	25.4	24.2	20.6	8.1	5.8	5.1	4.8	4.5	4.2	4.0	2.5	22.1	790
省エネルギー	19.5	18.1	28.1	5.7	3.7	5.3	3.5	3.5	5.1	4.3	1.8	25.6	864
再生可能エネルギーの利用	14.4	17.1	17.5	8.3	5.5	4.2	4.6	4.5	6.2	7.6	4.8	25.8	527
エネルギー以外の資源消費削減	20.8	23.1	22.0	7.5	4.3	3.3	4.0	4.0	4.5	5.1	4.2	23.9	793
リサイクル	21.0	22.7	23.9	5.3	5.4	5.4	4.4	4.8	3.3	3.4	3.6	23.0	917
リサイクル製品の使用	22.7	22.3	21.6	6.9	4.3	4.9	5.2	4.5	3.4	4.3	4.3	21.5	854
次世代自動車の導入	17.6	17.0	17.3	7.6	7.7	4.7	5.5	3.6	7.2	9.0	4.2	20.9	524
温室効果ガス自体の使用量削減	20.6	20.9	16.0	7.8	6.6	6.5	4.7	4.0	4.5	6.3	3.5	22.3	580
人の移動の抑制	17.9	22.3	20.6	5.9	8.8	5.9	3.4	3.2	5.2	5.9	6.9	21.4	690
温室効果ガスの吸収	18.9	17.3	14.9	8.4	6.7	5.8	4.1	5.2	4.8	9.2	4.1	22.9	490

（注）1　それぞれの取り組みを「大いに実施している」「ある程度実施している」と回答した企業に尋ねたもの。
2　濃い網かけは20％以上、薄い網かけは15％以上20％未満。

「コストを削減するため」との回答は3位で20.6％みられた。ただ、同じく収入や利益の増加が期待される、「新たなビジネスチャンスが得られるため」（5.1％）や「売り上げを増やすため」（4.8％）

は、回答割合があまり高くなかった。「外部から要請されたため」(5.8%)、「法律で定められているため」(4.5%)といった、外部要因によってやむを得ず取り組んだというケースも、意外に少ないようである。そのほか、「特に理由はない」と考える企業も22.1%あった。

続いて、個々の取り組みごとに実施理由を尋ねると、「全体」で上位３位までの「企業としての責任だと思うため」「社会的に求められているため」「コストを削減するため」は、順位の変動はあるものの、すべての取り組みでも３位以内となった。

ただし、「企業としての責任だと思うため」「社会的に求められているため」の割合は、九つの取り組みすべてで「全体」の場合より低くなっている。一方、「全体」では３位であった、「コストを削減するため」については、「省エネルギー」で28.1%と飛び抜けて回答割合が高く、取り組み理由のなかで１位となった。この「コストを削減するため」の回答割合は、「リサイクル」(23.9%)、「エネルギー以外の資源消費削減」(22.0%)、「リサイクル製品の使用」(21.6%)を加えた四つの取り組みで、「全体」の20.6%を上回っている。また、「人の移動の抑制」では20.6%と、「全体」と同じ水準となった。

このように、温室効果ガス削減につながる取り組みを行うに当たり、全体的な方向性としては、社会のなかでの自社の役割を果たすという意識がやや強く出るものの、個別の取り組みによっては、コスト削減による収益改善効果をより重視する傾向にあることがうかがえる。一方で、「コストを削減するため」の回答割合は、「温室効果ガスの吸収」(14.9%)、「温室効果ガス自体の使用量削減」

(16.0%)、「次世代自動車の導入」(17.3%)、「再生可能エネルギーの利用」(17.5%) で、「全体」よりも低くなった。これらの取り組みについては、コスト削減の効果があまり高くない、あるいは取り組みを進めることで逆にコストが増えるとみられている可能性がある。

さらに、そのほかの理由をみると、「企業イメージ向上のため」は、「省エネルギー」(5.7%)、「再生可能エネルギーの利用」(8.3%)、「エネルギー以外の資源消費削減」(7.5%)、「リサイクル製品の使用」(6.9%)、「温室効果ガス自体の使用量削減」(7.8%) で、「全体」と同じ４位となった。ただし、「リサイクル」では、「外部から要請されたため」「新たなビジネスチャンスが得られるため」がそれぞれ5.4%、「人の移動の抑制」では、「外部から要請されたため」が8.8%、「次世代自動車の導入」と「温室効果ガスの吸収」では、「資金を調達しやすくするため」がそれぞれ9.0%、9.2%で、「企業イメージ向上のため」を上回って４位となっている。

このように、温室効果ガス削減につながる取り組みを行う理由としては、「企業としての責任だと思うため」「社会的に求められているため」「コストを削減するため」の三つが重視されていることは共通しているものの、個々の取り組みの重要度には違いがみられるようだ。

（２）取り組みによる影響

次に、温室効果ガス削減の取り組みが、事業の経営にどのように影響したのか、影響はプラスだったのかマイナスだったのか、事業

図１－21　取り組みによる影響（取り組み全体、実施企業）

（単位：％）
（n＝790）

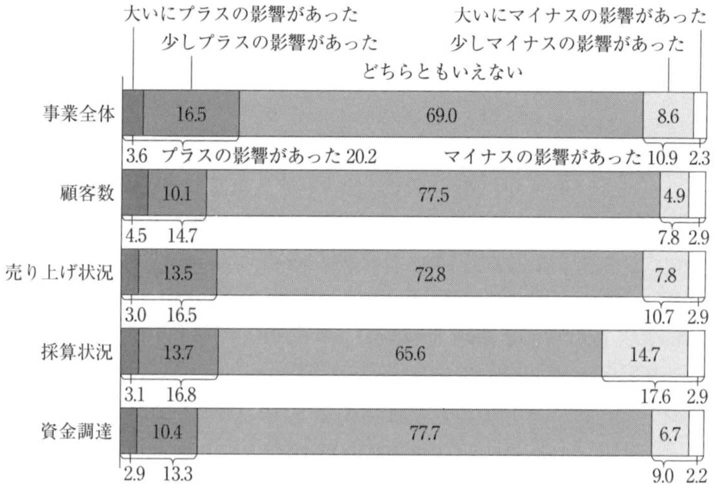

（注）１　取り組み「全体」について「大いに実施している」「ある程度実施している」と回答した企業に尋ねたもの。
２　「プラスの影響があった」は、「大いにプラスの影響があった」「少しプラスの影響があった」の、「マイナスの影響があった」は、「大いにマイナスの影響があった」「少しマイナスの影響があった」の合計。

全体と、顧客数、売り上げ状況、採算状況、資金調達の４項目についてみていきたい。

まず、事業全体に対する、温室効果ガス削減の取り組み「全体」の影響について尋ねたところ、最も回答割合が高かったのは、「どちらともいえない」の69.0％であった（図１－21）[23]。「大いにプラスの影響があった」企業の3.6％と、「少しプラスの影響があった」企業の16.5％を合わせた「プラスの影響があった」企業は20.2％と、それほど高い割合とはいえないようだ。一方、「大いにマイナス

23　この質問は、九つの個々の取り組みについては尋ねていない。

の影響があった」(2.3%)、「少しマイナスの影響があった」(8.6%)を合わせた「マイナスの影響があった」企業は10.9%と、さらに回答割合は低く、「プラスの影響があった」企業の半分程度にとどまっている。

個別の項目別にみると、顧客数は「プラスの影響があった」が14.7%、「どちらともいえない」が77.5%、「マイナスの影響があった」が7.8%、売り上げ状況はそれぞれ16.5%、72.8%、10.7%、採算状況はそれぞれ16.8%、65.6%、17.6%、資金調達はそれぞれ13.3%、77.7%、9.0%と、事業全体と同様に「どちらともいえない」が最も回答割合が高かった。また、採算状況を除けば、プラスの影響があった企業は少数派ではあるものの、マイナスの影響を受けた企業割合を上回っているという結果も、事業全体と同じである。その一方、採算状況については、マイナスの影響を受けた企業の割合が、事業全体と個別の4項目のなかで最も高水準の17.6%で、プラスの影響を受けた企業の割合（16.8%）よりも高くなっている。

アンケートでは取り組みごとの影響は尋ねていないため、どの取り組みが、どの項目に影響を与えているかはわからない。しかし、ここでみたように、温室効果ガス削減に向けた取り組みは、必ずしも事業にプラスの影響があるわけではなく、場合によってはマイナスの影響を及ぼすケースもあるようだ。特に採算面でのマイナスの影響を示す回答が、ほかの項目より多い。こうした事実は、各企業の取り組みへのインセンティブを低下させる要因となるかもしれないと考えられる。

そこで、次の第5節では、温室効果ガス削減に向けた取り組みに対する中小企業経営者の考え方を紹介したうえで、取り組みの課題と、その解決にむけた方向性について議論したい。

5 今後の方向性と課題

（1）取り組みに対する考え方

温室効果ガス削減の取り組みに対して、経営者が個人的にどんな考え方をもっているか尋ねたところ、「個人・企業の負担になっても進めるべき」が19.4%、「個人・企業の負担にならない範囲で進めるべき」が46.5%と、合わせて7割近くの経営者が、取り組みを進めるべきであると考えている（図1－22）[24]。一方で、「あまり積極的に進める必要はない」（19.0%）、「わからない」（15.1%）との回答もみられた。

これに対し、自社の3年後までの取り組み方針を尋ねた結果では、「経営の負担になっても進めたい」は5.7%にとどまり、「経営の負担にならない範囲で進めたい」が65.1%に上った。合わせて約7割の経営者が取り組みを進めたいと考えている点では、個人的な考え方の水準とほぼ同じであるが、負担に対する判断は、かなり異なっている。取り組みは進めるべきであると理解はしているものの、実際のビジネスの現場では経営にマイナスになるのは避けたいという考え方が多くなるようだ。このほか、「あまり積極的に進めるつもりはない」との回答も29.2%あり、自社で温室効果ガス

24　第5節のデータ（図1－22、表1－7、図1－23、表1－8）は、調査対象全員に尋ねたものである。

図1－22　取り組みに対する考え方

（単位：％）
（n＝1,666）

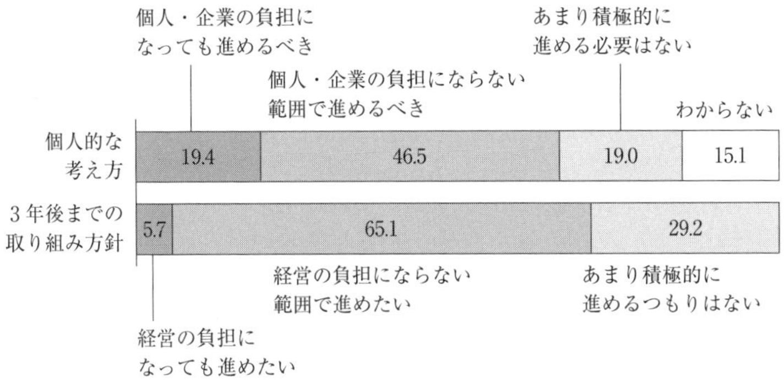

削減に取り組むことに対して関心が薄い経営者も、一定数いることがわかる。

（2）取り組みの課題

ここで、取り組みを行ううえでの課題を尋ねたところ、「全体」では「コストが増える」（23.0％）が最も回答割合が高かった（表1－7）[25]。これは、取り組みが採算状況に与えた影響が、プラスの企業よりマイナスの企業が多かったという第4節のデータとも整合している（前掲図1－21）。同じく金銭面の問題として、「資金が不足している」との回答も14.1％あった。

そのほかに、「手間がかかる」（15.0％）、「必要なノウハウや人材が不足している」（9.8％）といったオペレーション上の課題、「どう取り組めばよいかわからない」（13.2％）、「どこに相談すれ

25　最も当てはまるものから三つまでの複数回答で尋ねた。ただし、「特に課題はない」を選択した場合は、ほかの選択肢は回答できない。

表１－７　取り組みを行ううえでの課題（三つまでの複数回答）

（単位：％）
（n ＝1,666）

	コストが増える	手間がかかる	資金が不足している	どう取り組めばよいかわからない	必要なノウハウや人材が不足している	どこに相談すればよいかわからない	従業員の協力が得られない	消費者・取引先の理解が得られない	その他	特に課題はない
全　体	23.0	15.0	14.1	13.2	9.8	6.0	3.3	3.1	3.7	33.5
省エネルギー	19.6	12.1	14.4	11.2	8.7	5.4	4.0	2.9	3.4	35.4
再生可能エネルギーの利用	22.8	10.8	13.6	13.2	8.1	6.2	3.9	3.3	3.7	32.6
エネルギー以外の資源消費削減	18.1	12.1	11.7	11.3	9.6	5.6	4.3	3.1	4.2	36.6
リサイクル	16.8	14.0	9.9	11.4	7.6	5.1	4.2	2.9	3.8	38.6
リサイクル製品の使用	18.3	12.8	10.4	10.4	7.3	4.5	3.5	3.6	4.6	38.3
次世代自動車の導入	22.0	8.8	14.5	10.7	6.6	5.0	3.7	1.9	4.4	35.1
温室効果ガス自体の使用量削減	18.2	10.5	13.8	12.2	9.0	5.4	3.2	3.3	4.4	34.9
人の移動の抑制	13.5	9.2	9.4	10.2	7.6	5.6	4.9	4.8	8.2	39.4
温室効果ガスの吸収	18.7	10.8	11.3	12.3	8.3	5.8	2.6	2.8	6.3	35.5

（注）濃い網かけは20％以上、薄い網かけは15％以上20％未満。

ばよいかわからない」（6.0％）といった情報面での課題も挙げられている。

一方、「従業員の協力が得られない」は3.3％、「消費者・取引先の理解が得られない」は3.1％にとどまり、ほとんどの企業で関係者の協力や理解については問題を感じていないようだ。また、「特に課題はない」との回答も33.5％あった。

個々の取り組みについてみると、「コストが増える」は、「全体」の23.0％には及ばないものの、すべての取り組みにおいて最も高い回答割合となっている。

ただし、２位以下は取り組みによってやや傾向が異なる。まず、「省エネルギー」「再生可能エネルギーの利用」「次世代自動車の導入」「温室効果ガス自体の使用量削減」の四つの取り組みで２位となったのは「資金が不足している」で、回答割合はそれぞれ14.4％、13.6％、14.5％、13.8％であった。これらの取り組みは、１位の「コストが増える」の回答割合も、それぞれ19.6％、22.8％、22.0％、18.2％と、ほかの五つの取り組みと比べておおむね回答割合が高い傾向にある。これらの取り組みは比較的大きな資金が必要であるため、金銭面の課題を訴える企業が多くなっていると考えられる。

次に、「エネルギー以外の資源消費削減」「リサイクル」「リサイクル製品の使用」では、「手間がかかる」が２位に挙げられている。回答割合は、それぞれ12.1％、14.0％、12.8％で、１位の「コストが増える」（同18.1％、16.8％、18.3％）との差は、ほかの取り組みと比べて小さい。

また、「人の移動の抑制」「温室効果ガスの吸収」は、１位の「コストが増える」のそれぞれ13.5％、18.7％に続き、「どう取り組めばよいかわからない」（同10.2％、12.3％）が２位となっている。

このほか、「特に課題はない」との回答は、すべての取り組みで30％台となった。

図1－23　温室効果ガスの排出権取引の状況

（単位：％）
（n＝1,666）

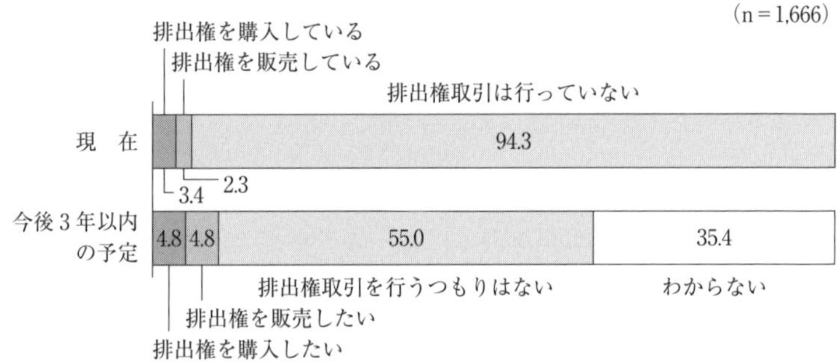

（注）今後３年以内の予定は、現在排出権取引を行っていない企業に尋ねたもの。現在の「排出権を購入している」「排出権を販売している」との回答は、今後３年以内の予定では、それぞれ「排出権を販売したい」「排出権を購入したい」に算入した。

（３）排出権取引の状況

アンケートでは九つの取り組みとは別に、温室効果ガスの排出権取引の状況について尋ねた。ここでその調査結果を紹介しておきたい。

現在、温室効果ガスの「排出権を購入している」企業は3.4％、「排出権を販売している」企業は2.3％と少数派である（図１－23）。今後３年間の予定でも、「排出権を購入したい」「排出権を販売したい」はともに4.8％にとどまった。もちろん、すべての中小企業が排出権取引に参加するとは考えにくいが、日本では排出権取引のプラットフォームが未成熟であることも、この要因の一つだろう。排出権を購入する側にとって、今のところそれほど大きなメリットが感じられないことも、理由の一つかもしれない。

（４）取り組み加速のための方策

続いて、温室効果ガス削減に関する取り組み「全体」と九つの個別の取り組みを加速させるために、中小企業はどのような方策を求めているのかみてみよう。

アンケートで温室効果ガス削減に関する取り組みを加速させるために必要と思うものを尋ねたところ、取り組み「全体」については、「補助金・優遇税制」が21.6％と、最も回答割合が高かった（表１－８）[26]。金銭面については、「資金調達での優遇」との回答も9.0％あった。これらは、取り組みを行ううえでの課題として多く挙げられていたコスト増を緩和する対策とみることができよう。また、「利用しやすい社会の仕組み」（9.8％）、「利用しやすい商品・サービス」（8.9％）のように、取り組みを行いやすい環境をつくっていくことが必要とする回答もあった。これは、取り組みに手間がかかるという課題に対応しているほか、コスト面での改善を求めているとも考えられる。「行政・組合・商工団体による支援・情報提供」（8.3％）という声は、温室効果ガス削減に関する情報を中小企業に提供することの必要性を示している。

なお、「取り組む企業への高い社会的評価」（5.5％）、「取り組み企業への表彰・認証制度」（2.6％）との回答は、それほど多くなかった。外部評価を高めることにつながる対策よりも、採算の改善や手間の軽減に直接リンクする対策を、中小企業はより重要視しているようだ。このほか、「特に必要なものはない」（21.1％）、「わからない」（26.7％）との回答もあった。

個々の取り組みについてみても、「補助金・優遇税制」が「省エネルギー」で19.7％、「次世代自動車の導入」で19.6％、「再生可能エネルギーの利用」で19.4％、「温室効果ガス自体の使用量削減」

26　最も当てはまるものから三つまでの複数回答で尋ねた。ただし、「特に必要なものはない」「わからない」を選択した場合は、ほかの選択肢は回答できない。

表1－8　取り組みを加速させるために必要と思うもの（三つまでの複数回答）

（単位：％）
（n＝1,666）

	補助金・優遇税制	利用しやすい社会の仕組み	資金調達での優遇	利用しやすい商品・サービス	行政・組合・商工団体による支援・情報提供	取り組む企業への高い社会的評価	業界内の協調	消費者・取引先の理解	政府調達・入札での優遇	取り組み企業への表彰・認証制度	その他	特に必要なものはない	わからない
全　体	21.6	9.8	9.0	8.9	8.3	5.5	5.2	4.4	3.5	2.6	1.6	21.1	26.7
省エネルギー	19.7	10.3	8.7	9.5	7.1	5.1	4.2	3.8	3.1	2.7	2.7	21.1	26.1
再生可能エネルギーの利用	19.4	10.3	8.6	9.1	7.5	5.1	4.0	3.7	3.1	2.3	2.4	20.3	26.7
エネルギー以外の資源消費削減	16.3	10.9	7.0	9.5	7.1	4.8	4.8	3.9	2.9	2.6	1.9	23.0	26.8
リサイクル	15.5	11.2	7.9	7.4	6.8	4.8	4.4	4.6	2.6	3.1	1.8	22.8	27.1
リサイクル製品の使用	15.5	10.1	6.3	10.2	6.4	4.7	5.1	5.1	2.9	2.3	1.9	21.9	27.2
次世代自動車の導入	19.6	11.4	8.9	12.2	6.0	5.0	3.6	2.8	3.2	2.3	2.1	20.8	26.1
温室効果ガス自体の使用量削減	18.1	8.7	8.4	8.0	7.4	5.3	4.6	3.6	2.5	3.0	1.7	20.0	28.8
人の移動の抑制	14.3	7.4	6.4	7.3	5.0	4.1	5.2	4.5	2.2	2.9	3.3	25.0	28.4
温室効果ガスの吸収	17.5	8.7	6.8	7.8	6.8	4.6	3.5	3.3	2.7	2.8	2.8	22.3	28.8

（注）濃い網かけは15％以上、薄い網かけは10％以上15％未満。

で18.1％など、九つの取り組みすべてで最も高い割合となった。また、「利用しやすい社会の仕組み」は、「次世代自動車の導入」（11.4％）、「リサイクル」（11.2％）など六つの取り組みで、「利用しやすい商品・サービス」は、「次世代自動車の導入」(12.2%)、「リサイクル製品の使用」(10.2%）の二つで、それぞれ１割を超えている。次世代自動車の価格はまだ高く、充電スタンドや水素ステーションといった普及に不可欠なインフラもまだ十分とはいえない。リサイクルを効率的に行うには消費者・企業・行政などによるネットワーク構築が不可欠であろう。リサイクル製品の品質や価格についても改善の余地があることを示しているともいえる。

6　おわりに

第１章では、温室効果ガス削減に対する中小企業の取り組みについて、当研究所が2022年８月に実施した「中小企業の脱炭素への取り組みに関する調査」のデータから分析した。最後に、取り組み「全体」についての結果をもとに、明らかになったことを整理していきたい。

まず、温室効果ガス削減の取り組みは44.9%の中小企業が実施しており、その割合は３年前の41.9%から上昇していることがわかった[27]。一方、同業他社と比べて、取り組みが「進んでいる」とする企業の割合は13.2%にとどまった。また、これら取り組みの進捗状況の指標を企業属性別にみると、従業者数や年商でみた企業規模が大きい方が取り組みは進んでいること、業況と進捗状況に正の相関がみられること、年齢の低い経営者と高い経営者で取り組みが進む傾向にあることなどが明らかになった。

27　第６節では、すべて取り組み「全体」についての割合を示した。

取り組みを行っている理由としては、「企業としての責任だと思うため」(25.4%)、「社会的に求められているため」(24.2%)といった必ずしも企業の業績向上にはつながらない回答が1位、2位となった一方で、収支状況の改善につながる可能性がある「コストを削減するため」(20.6%)との回答もみられた。ただし、温室効果ガス削減に向けた取り組みは、必ずしも事業にプラスの影響があるわけではなく、場合によってはマイナスの影響を及ぼすケースもあること、特に採算状況でマイナスの影響があったとする回答が、顧客数、売り上げ状況、資金調達といった項目より多いこともわかった。

温室効果ガス削減の取り組みに対して、経営者の個人的な考え方としては、「個人・企業の負担になっても進めるべき」が19.4%、「個人・企業の負担にならない範囲で進めるべき」が46.5%との回答となった。つまり、合わせて7割近くの経営者が、取り組みを進めるべきであると考えている。一方で、自社の3年後までの方針については、「経営の負担になっても進めたい」は5.7%にとどまり、「経営の負担にならない範囲で進めたい」が65.1%、「あまり積極的に進めるつもりはない」が29.2%との回答割合となった。取り組みは進めるべきであるが、実際のビジネスの現場では、経営の負担になるのは避けたいという考え方が多くなるようだ。つまり、理想だけでは温室効果ガス削減はなかなか進まないということだろう。

取り組みを進めるうえでは、「コストが増える」(23.0%)、「資金が不足している」(14.1%)といった金銭面の課題、「手間がかかる」(15.0%)、「必要なノウハウや人材が不足している」(9.8%)

といったオペレーション上の課題、「どう取り組めばよいかわからない」(13.2%)、「どこに相談すればよいかわからない」(6.0%)といった情報面の課題などが挙げられた。

こうした課題を克服して、温室効果ガス削減の取り組みを加速させるために必要なものとして、まず金銭面の課題に対応して、「補助金・優遇税制」(21.6%)、「資金調達での優遇」(9.0%) といったコスト増を緩和する対策が示された。オペレーション上の課題に対しては、「利用しやすい社会の仕組み」(9.8%)、「利用しやすい商品・サービス」(8.9%) のような取り組みを行いやすい環境が求められている。こうした環境づくりのなかには、より低価格で利用できる社会インフラや商品・サービスの登場への期待も含まれているといえよう。情報面の課題に対しては、「行政・組合・商工団体による支援・情報提供」(8.3%) といった対策が必要との回答が得られた。

温室効果ガス削減をわが国全体として進めるためには、経済活動のなかで大きな地位を占める中小企業での取り組みが欠かせない。今後、中小企業が意欲的に温室効果ガス削減に取り組めるような社会全体の仕組みを構築していくことが求められるだろう。

ただ、補助金・優遇税制などによる政策誘導は、予算の制約を考えると、際限なく行えるものではない。規制の強化は温室効果ガス削減にはつながるかもしれないが、これまでになかったコストや手間を発生させる可能性がある。そうだとすれば、これまで以上に優れた商品・サービスが低価格で提供されることこそが、温室効果ガス削減には不可欠なのではないだろうか。コストや手間といった経営への負担が軽減されれば、中小企業の取り組みは間違いなく加速するだろう。取り組みによってむしろ採算が向上するということになれば、経営者への強いインセンティブにもなる。これは、中小企業だけではなく、大企業、消費者、あるいは政府・地方自治体における取り組みにも共通することである。

このような温室効果ガス削減につながる商品・サービスの提供には、すでに多くの企業が参入している。大手自動車メーカーによる電気自動車の市場投入など大企業によるものが目立つ一方で、温室効果ガス削減につながるビジネスにはさまざまな分野があり、そこで活躍する中小企業も実は少なくない。経済社会の持続可能性に関する議論が盛んになるなかで、温室効果ガス削減に向けた取り組みの必要性が高まっていることを考えれば、その市場規模は今後さらに拡大することが期待されよう。

そこで、続く第2章では、温室効果ガス削減に関する事業に中小企業がどのように取り組んでいるのか、アンケート結果と企業事例をもとに探っていく。

章末表　サンプルのウエイトづけ

(1) 回収数（業種別・従業者規模別）

（単位：件）

	5～9人	10～19人	20～49人	50～299人	合　計
建設業	124	53	64	30	271
製造業	100	64	47	51	262
情報通信業	42	22	23	25	112
運輸業	35	22	27	30	114
卸売業・小売業	97	55	51	33	236
飲食店・宿泊業	38	25	32	16	111
医療・福祉	62	21	30	21	134
教育・学習支援業	29	18	11	12	70
生活関連サービス業・娯楽業	26	9	14	10	59
専門・技術サービス業	60	26	26	12	124
その他のサービス業	32	22	25	15	94
物品賃貸業・不動産業・その他	37	25	9	8	79
全業種計	682	362	359	263	1,666

（2）実際の企業数（業種別・従業者規模別）

（単位：件）

	5〜9人	10〜19人	20〜49人	50〜299人	合　計
建設業	105,652	51,418	21,902	5,558	184,530
製造業	78,188	49,784	38,429	22,811	189,212
情報通信業	8,050	5,588	4,903	3,741	22,282
運輸業	10,957	12,443	12,839	8,164	44,403
卸売業・小売業	134,618	77,503	44,914	19,044	276,079
飲食店・宿泊業	95,122	35,566	14,364	6,481	151,533
医療・福祉	82,836	49,607	27,806	19,092	179,341
教育・学習支援業	13,858	8,188	6,481	3,239	31,766
生活関連サービス業・娯楽業	27,589	12,428	8,034	4,831	52,882
専門・技術サービス業	34,166	12,981	5,948	2,708	55,803
その他のサービス業	35,835	18,753	13,561	9,371	77,520
物品賃貸業・不動産業・その他	31,955	9,720	5,386	3,679	50,740
全業種計	658,826	343,979	204,567	108,719	1,316,091

（3）ウエイト（業種別・従業者規模別）

（単位：倍）

	5〜9人	10〜19人	20〜49人	50〜299人
建設業	852	970	342	185
製造業	782	778	818	447
情報通信業	192	254	213	150
運輸業	313	566	476	272
卸売業・小売業	1,388	1,409	881	577
飲食店・宿泊業	2,503	1,423	449	405
医療・福祉	1,336	2,362	927	909
教育・学習支援業	478	455	589	270
生活関連サービス業・娯楽業	1,061	1,381	574	483
専門・技術サービス業	569	499	229	226
その他のサービス業	1,120	852	542	625
物品賃貸業・不動産業・その他	864	389	598	460

（4）ウエイトとアンケート分析との業種分類の対応

<table>
<tr><th colspan="2">ウエイト</th><th>アンケート分析</th></tr>
<tr><td colspan="2">建設業</td><td>建設業</td></tr>
<tr><td colspan="2">製造業</td><td>製造業</td></tr>
<tr><td colspan="2">情報通信業</td><td>情報通信業</td></tr>
<tr><td colspan="2">運輸業</td><td>運輸業</td></tr>
<tr><td colspan="2" rowspan="2">卸売業・小売業</td><td>卸売業</td></tr>
<tr><td>小売業</td></tr>
<tr><td colspan="2">飲食店・宿泊業</td><td>飲食店・宿泊業</td></tr>
<tr><td colspan="2">医療・福祉</td><td>医療・福祉</td></tr>
<tr><td colspan="2">教育・学習支援業</td><td>教育・学習支援業</td></tr>
<tr><td colspan="2">生活関連サービス業・娯楽業</td><td rowspan="4">サービス業</td></tr>
<tr><td colspan="2">専門・技術サービス業</td></tr>
<tr><td colspan="2">その他のサービス業</td></tr>
<tr><td rowspan="3">物品賃貸業・不動産業・その他</td><td>（物品賃貸業）</td></tr>
<tr><td>（不動産業）</td><td>不動産業</td></tr>
<tr><td>（その他）</td><td>その他</td></tr>
</table>

（注）1　業種別・従業者規模別のウエイトは、各セルごとに次の計算式により求めた。
ウエイト＝実際の企業数÷回収数

2　実際の企業数は、総務省・経済産業省「経済センサス―活動調査」（2016年）による。

3　ウエイトの業種分類と、本文中のアンケート分析の業種分類は、一致しない部分がある。業種分類の対応は（4）のとおり。「卸売業・小売業」のウエイトは、アンケート分析では「卸売業」と「小売業」に適用した。「生活関連サービス業・娯楽業」「専門・技術サービス業」「その他のサービス業」と「物品賃貸業・不動産業・その他」のうちの「物品賃貸業」は、それぞれのウエイトを適用したうえで、「サービス業」として合わせて集計した。「物品賃貸業・不動産業・その他」のウエイトは、アンケート分析では「不動産業」と「その他」にも適用した。

第2章

脱炭素ビジネスと中小企業

日本政策金融公庫総合研究所

研究主幹　深沼　光

研究員　原澤 大地

1　はじめに

（１）脱炭素ビジネスとは

第１章では、温室効果ガス削減に関する取り組みについて、中小企業がどのように取り組んでいるのか、当研究所が2022年８月に実施した「中小企業の脱炭素への取り組みに関する調査」をもとに分析した。その結果、コスト面の課題を解決するとともに、新たな商品・サービスを生み出すこと、そして、そうした商品・サービスに容易にアクセスできるような、新たな社会の仕組みをつくり上げていくことが、温室効果ガス削減の取り組みを促進するために必要であるとわかった。

本書では、このような温室効果ガス削減の取り組みによって収益をあげる事業を、「脱炭素ビジネス」と呼ぶことにする。具体的には、「省エネルギー」「再生可能エネルギー」「エネルギー以外の資源消費削減」「リサイクル」「次世代自動車関連」「温室効果ガス自体の使用量削減」「コンサルティング」「温室効果ガスの吸収」の八つの分野を想定した（表２－１）[1]。関連する商品の製造やサービスの提供だけではなく、流通や販売など、何らかのかたちで温室効果ガス削減に貢献する事業を幅広く含むものとした。

脱炭素ビジネスの担い手として、中小企業は大いに期待されるだ

1　第１章で分析した、温室効果ガス削減につながる九つの取り組み（p.30、表１－３参照）との対応を念頭に分類した。ただし、「リサイクル製品の使用」「人の移動の抑制」は除き、「コンサルティング」を加えた。なお、後掲図２－３（p.80）のとおり、アンケートでは「その他」を含めた九つの選択肢を設定したが、本章では「その他」は除いて分析を進める。

表２－１　脱炭素ビジネスの分野

分　野	具体的な内容
省エネルギー	高効率機器・断熱材・省エネ住宅などの製造・販売など
再生可能エネルギー	太陽光発電・風力発電・バイオマス発電・木質ボイラー・ヒートポンプ・バイオ燃料の製造・販売など
エネルギー以外の資源消費削減	資源消費の少ない梱包材や容器・節水機器・関連機器・プラスチック代替品などの製造・販売など
リサイクル	紙・プラスチック・フロンガス・ガラス・建築廃材などのリサイクル、廃棄物燃料化、関連機器の製造・販売など
次世代自動車関連	電気自動車・燃料電池車等の部品製造・加工など（ハイブリッド車は除く）
温室効果ガス自体の使用量削減	代替冷媒・代替洗浄溶剤、温室効果ガス使用の少ない機器等の製造・販売など
コンサルティング	省エネルギー・物流効率化・リサイクルなどに関する助言
温室効果ガスの吸収	二酸化炭素貯蔵・植林・関連商品の製造・販売など

資料：筆者作成

ろう。第１章でも述べたように、温室効果ガス削減に向けた取り組みはさまざまであり、その手法も多種多様である。そのため、脱炭素ビジネスの個々の市場も、規模が小さいものが多数あり、大企業よりもむしろ中小企業の方が参入しやすい場合も多いと考えられるからだ。

そこで第２章では、当研究所「中小企業の脱炭素への取り組みに関する調査」（2022年８月）の脱炭素ビジネスの実施状況に関する質問の結果を分析する[2]。さらに、実際に脱炭素ビジネスに取り

2　第１章で紹介したアンケートと同じものである。調査の実施要領は、表１－１（p.24）参照。

組んでいる中小企業８社へのヒアリングから得られた知見も交えながら整理していく[3]。

（２）多様な脱炭素ビジネス

ここで、脱炭素ビジネスの具体的なイメージを示すために、八つの分野ごとに、ヒアリング先企業の事業内容を簡単に紹介したい。各企業の概要と、取り組んでいる分野は、表２－２のとおりである。なお、複数の分野にまたがって事業を行っていたり、一つの脱炭素ビジネスが複数の分野の内容を含んでいたりするケースもある[4]。

「省エネルギー」は、表２－１のとおり高効率機器・断熱材・省エネ住宅などの製造・販売などと定義したが、日本熱源システム㈱［事例１］のエネルギー効率の良い冷凍機の製造は、まさに代表的といえるだろう。アイロップ㈱［事例２］は、包装の最適化による資材削減や容積縮小によって貨物の輸送効率を上げ、エネルギーの消費削減につなげている点で、省エネルギーに貢献している。

「再生可能エネルギー」は、太陽光発電・風力発電・バイオマス発電・木質ボイラー・ヒートポンプ・バイオ燃料の製造・販売などを想定した。㈱武田鉄工所［事例３］が開発した農業残渣を燃料としたボイラーは、その好例といえよう。

「エネルギー以外の資源消費削減」は、資源消費の少ない梱包材や容器・節水機器・関連機器・プラスチック代替品などの製造・販売など、幅広い分野を含む。アイロップ㈱［事例２］は、包装の

3　ヒアリングは2022年６月から11月にかけて訪問により実施した。ヒアリング結果の詳細は第３章で紹介する。
4　ここで紹介するのは各企業が行っている主な脱炭素ビジネスであり、そのほかの脱炭素ビジネスを行っている企業もある。

表２－２　ヒアリング先企業と脱炭素ビジネスの分野

事例番号	企業名	脱炭素ビジネスの内容	創業年（年）	従業者数（人）	所在地	脱炭素ビジネスの分野							
						省エネルギー	再生可能エネルギー	エネルギー以外の資源消費削減	リサイクル	次世代自動車関連	温室効果ガス自体の使用量削減	コンサルティング	温室効果ガスの吸収
1	日本熱源システム㈱	日本仕様の二酸化炭素冷媒冷凍機の製造	1987	120	東京都新宿区	◎					◎		
2	アイロップ㈱	包装の最適化による資材削減・輸送効率化	1951	50	大阪府大阪市	◎		◎				◎	
3	㈱武田鉄工所	農業残渣を燃料とするバーナーの製造	1952	24	北海道帯広市		◎		◎				
4	㈱ SAMURAI TRADING	卵殻原料のバイオマスプラスチックの製造	2017	5	埼玉県桶川市			◎	◎				
5	㈱関商店	廃プラスチック・古紙の固形燃料化	1939	150	茨城県古河市				◎				
6	㈱ FJ コンポジット	次世代自動車用の重要部品の製造	2002	35	北海道千歳市					◎			
7	一般社団法人日本クルベジ協会	バイオ炭による二酸化炭素の地中貯留	2015	3	大阪府茨木市								◎
8	㈱中島自動車電装	高回収率のフロン・炭化水素系ガス回収機の製造	1970	39	群馬県前橋市								◎

資料：ヒアリングをもとに筆者作成

（注）◎は該当する脱炭素ビジネスの分野（筆者が主要な分野と判断したもので、それ以外の取り組みを行っている場合もある）。なお、本章の分析に用いた日本政策金融公庫総合研究所「中小企業の脱炭素への取り組みに関する調査」（2022年８月）への回答は匿名であり、ここに記した分野はアンケートによるものではない。表２－４の主な課題についても同じ。

削減や再利用可能な包装資材の活用で資源消費削減に貢献している。卵殻を使用したバイオマスプラスチックを開発し、石油由来プラスチックの削減につなげている㈱SAMURAI TRADING［事例4］の取り組みも、ここに含まれる。

「リサイクル」は、紙・プラスチック・フロンガス・ガラス・建築廃材などのリサイクル、廃棄物燃料化、関連機器の製造・販売などと定義した。㈱関商店［事例5］の廃プラスチックや古紙などを原料にした代替燃料は、わかりやすい例である。同社のほかに、㈱武田鉄工所［事例3］は農業残渣、㈱SAMURAI TRADING［事例4］は卵殻という、産業廃棄物として処分されていたものをリサイクルすることで、脱炭素を可能にする社会の仕組みを構築することにつなげている。

「次世代自動車関連」は、電気自動車・燃料電池車等の部品製造・加工などである。㈱FJコンポジット［事例6］は、こうした次世代自動車の核となるバッテリーやパワー半導体に関連する主要部品の製造に参入し、将来が期待されている。

「温室効果ガス自体の使用量削減」とは、代替冷媒・代替洗浄溶剤、温室効果ガス使用の少ない機器等の製造・販売などを指す。日本熱源システム㈱［事例1］の冷凍機は、従来冷媒として使用されていたフロンガスに比べて、はるかに温暖化能力の小さい二酸化炭素を冷媒として使用しており、この分野に含めてよいだろう。

「コンサルティング」は、省エネルギー・物流効率化・リサイクルなど、一連の脱炭素への取り組みについてのコンサルティングである。アイロップ㈱［事例2］の包装方法・資材に関する顧客向けのコンサルティングが代表例だが、そのほかのヒアリング先でも、自社の商品・サービスを販売するに当たって、何らかのコンサルティングを行っていることが観察された。

最後の「温室効果ガスの吸収」は、二酸化炭素貯蔵・植林・関連商品の製造・販売などである。身近な例としては、ビル屋上緑化の施工が挙げられるが、一般社団法人日本クルベジ協会［事例７］のバイオ炭を農地に埋めることによる二酸化炭素貯留は、この分野のユニークな取り組みとして評価できる。また、冷蔵庫・エアコンなどの冷媒として依然として使用されているフロンガスは温室効果ガスの代表例だが、それを効率よく回収する機器の製造を行ってきた㈱中島自動車電装［事例８］は、長年にわたり地球温暖化問題に貢献してきたといえよう。

このように、各企業の事例からは、脱炭素ビジネスの多様性とユニークさがみてとれる。続く第２節では、中小企業が脱炭素ビジネスにどのように取り組んでいるのか、アンケートの結果から全体像を探っていこう。

2 実施状況と業績

（１）全体の実施状況

まず、脱炭素ビジネスの実施状況をみてみよう。アンケートでは、脱炭素ビジネスを「温室効果ガス削減に関する事業」と明示したうえで、表２－１の８分野に「その他」を加えた９分野について、それぞれ行っているかどうかを尋ねた。その際、最終的な商品・サービスだけでなく、関連する部品・原材料・一部工程などを

図２－１　脱炭素ビジネスの実施状況

（単位：％）
（n＝1,666）

資料：日本政策金融公庫総合研究所「中小企業の脱炭素への取り組みに関する調査」（2022年）（以下断りのない限り同じ）

（注）1　「行っている」企業は、後掲図２－３の９分野（「その他」を含む）のいずれかを「行っている」と回答した企業（図２－２も同じ）。「行っていない」企業は、「行っている」企業に該当しない企業。

2　割合は第１章と同様に総務省・経済産業省「経済センサス―活動調査」（2016年）の業種別・従業者規模別の企業分布と同じになるようにウエイトづけして算出した値。詳細は、第１章の章末表（pp.65-68）参照。ただしｎは実際の回答数（以下同じ）。

3　構成比は小数第２位を四捨五入して表示しているため、合計は100％にならない場合がある。

含むとしたうえで、表２－１に示した具体的内容を選択肢に括弧書きで付記した。第１章と同様に総務省・経済産業省「経済センサス―活動調査」（2016年）の業種別・従業者規模別の企業分布と同じになるようにウエイトづけして算出したところ、何らかの脱炭素ビジネスを「行っている」企業の割合は、全体では37.1％となった（図２－１）[5]。「行っていない」企業の方が多いものの、４割近い中小企業が脱炭素ビジネスを実施しているという結果となった。これは、選択肢に付記した脱炭素ビジネスの具体的内容に、関連する商品の製造やサービスの提供だけでなく、それらの流通や販売など、温室効果ガス削減に貢献する事業を幅広く含めたためであろう。

脱炭素ビジネスを行っている企業の割合を業種別にみると、「不動産業」が45.3％と最も高く、続いて「小売業」（43.4％）、「飲食

5　ウエイトの詳細は第１章の章末表（pp.65-68）参照。以下、本章に記載する割合は、ウエイトづけして算出したものである。

図２－２　脱炭素ビジネスを行っている企業の割合（業種別）

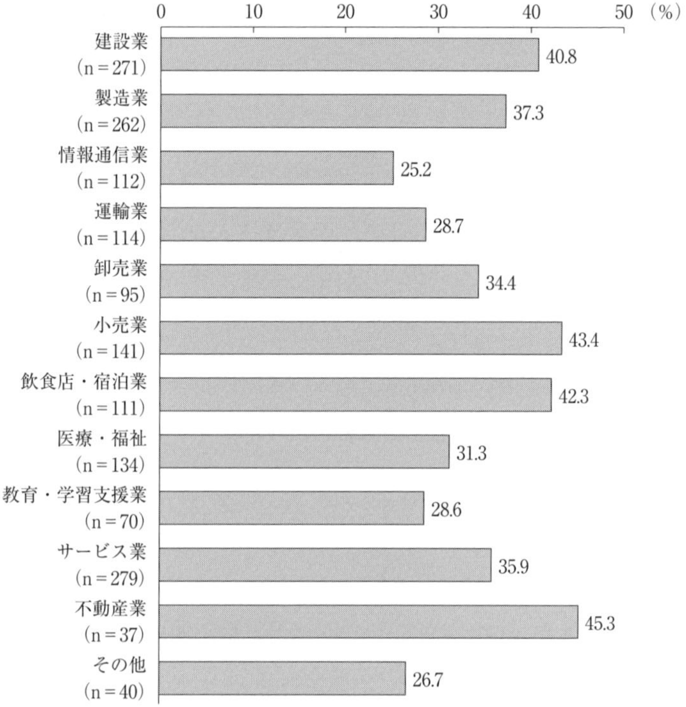

（注）「持ち帰り・配達飲食サービス業」は「小売業」に含む。「不動産賃貸業」は除く（以下同じ）。

店・宿泊業」（42.3％）、「建設業」（40.8％）、「製造業」（37.3％）の順となっている（図２－２）。

なお、従業者規模別に何らかの脱炭素ビジネスを行っている割合をみたところ、「5～9人」が33.4％、「10～19人」が39.8％、「20～49人」が42.1％、「50～299人」が42.1％となった。規模が大きい企業の方が実施割合は高まる傾向にはあるが、その差はそれほど大きいとはいえない。脱炭素ビジネスにはさまざまな規模の中小企業が参入しているといってよいだろう。

（２）実施企業の取り組み分野

ここからは、脱炭素ビジネスを行っている企業について分析を進める。まず、脱炭素ビジネスのうち、どの分野の取り組みを行っているのかをみると、「リサイクル」が53.5％と最も高い割合となった（図２－３）[6]。「省エネルギー」（44.2％）、「再生可能エネルギー」（28.6％）、「エネルギー以外の資源消費削減」（23.7％）、「次世代自動車関連」（14.7％）、「コンサルティング」（13.2％）がそれに続いている[7]。

複数の分野で脱炭素ビジネスに参入している中小企業も少なくない。行っている分野の数を集計すると、「１分野」が49.8％、「２分野」が25.4％、「３分野」が13.6％で、「４分野以上」も11.2％あった[8]。分野の組み合わせでは、分野別の実施率が１位と２位だった「リサイクル」「省エネルギー」が、脱炭素ビジネスを実施している企業の18.2％で同時に行われている。このほか、「省エネルギー」「再生可能エネルギー」（16.1％）、「リサイクル」「エネルギー以外の資源消費削減」（15.6％）、「リサイクル」「再生可能エネルギー」（11.9％）、「省エネルギー」「エネルギー以外の資源消費削減」（10.7％）の組み合わせが１割を超えている[9]。

続いて、業種別に脱炭素ビジネスを行っている分野をみると、ま

6　以下、本章では、原則として何らかの脱炭素ビジネスを行っている企業に対する割合をもとに分析する。
7　アンケートでは表２－１で示した８分野に「その他」を加えた九つの選択肢を設けた。ただし、「その他」は回答割合が1.3％（n＝７）と低く、具体的内容もわからないため、以下の分野別分析は、原則として「その他」を除く８分野で進める。
8　ここでの分野数には、「その他」の分野を含む。
9　それぞれ３分野以上行っている企業も含むため、複数の組み合わせに該当する企業もある。

図２－３　脱炭素ビジネスの分野（複数回答）

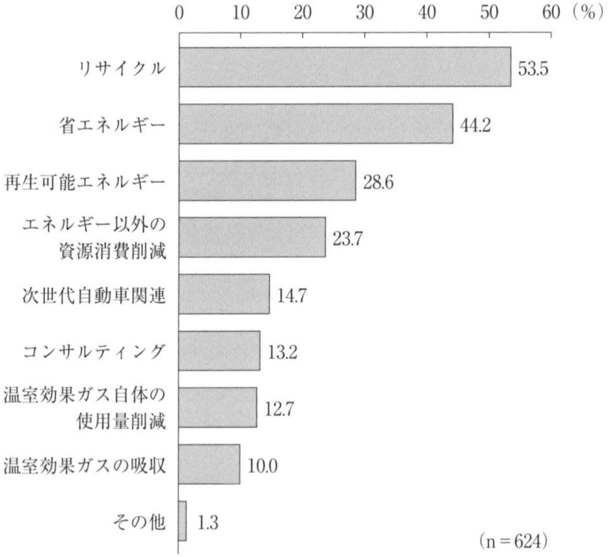

（注）アンケートでは、調査対象企業全体（n＝1,666）に対して、９分野（「その他」を含む）それぞれの脱炭素ビジネスを行っているかどうか尋ねた。ここでは、図２－１で「行っている」とした、９分野のいずれかを行っている企業（n＝624）に対する割合を示した。

ず不動産業では「省エネルギー」（32.0％）、「再生可能エネルギー」（27.5％）との回答が多かった。詳しい内容は尋ねていないものの、省エネルギーに配慮した不動産の仲介や、太陽光発電に関連する事業などを行っていることが考えられる。小売業では「リサイクル」が28.2%、「省エネルギー」が18.4％で、リサイクル製品や省エネルギー関連の商品を販売していると推測される。飲食店・宿泊業、建設業でも「リサイクル」が１位で、それぞれ24.3％、21.1％となっており、事業で発生する廃棄物をビジネスとしてリサイクルしている様子がうかがえる。

図2－4　脱炭素ビジネスによる売上高の割合

（単位：％）
（n＝624）

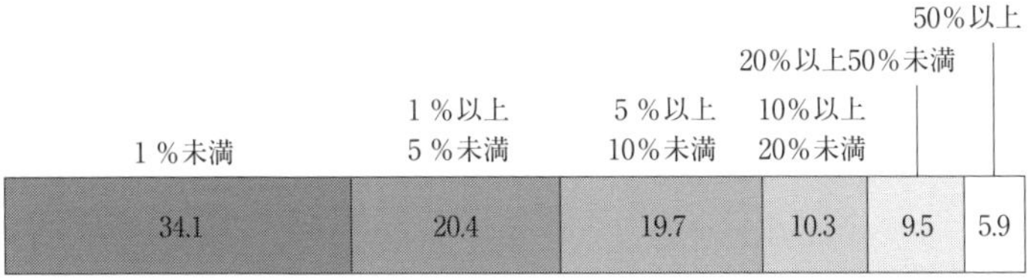

（注）1　脱炭素ビジネスによる売上高の割合は、脱炭素ビジネスの売上高が、その企業の売上高全体に占める割合（表2－3も同じ）。
2　何らかの脱炭素ビジネスを行っている企業（n＝624）に対する割合（以下同じ）。

（3）売上高に占める割合

ここで、脱炭素ビジネスによる売上高がその企業の売上高全体に占める割合を尋ねたところ、「1％未満」である企業が34.1％、同じく「1％以上5％未満」が20.4％、「5％以上10％未満」が19.7％で、約4分の3が1割に満たない状況となっている（図2－4）。「10％以上20％未満」は10.3％、「20％以上50％未満」は9.5％で、脱炭素ビジネスが主たる事業であると考えられる「50％以上」の割合は5.9％にとどまった[10]。

業種ごとに脱炭素ビジネスによる売上高の割合が「50％以上」になった割合をみると、「その他」が12.6％で最も高くなった。ただし、これは発電業が含まれるためで、それを除くと0.0％となっている[11]。「卸売業」が9.8％と続き、「建設業」（8.1％）、「製造業」（7.4％）、「小売業」（6.3％）、「サービス業」（6.3％）で全業種計の

10　回答企業全体（n＝1,666）の2.2％に当たる。
11　脱炭素ビジネスを実施している「その他」の企業は13件で、そのうち2件が発電業であった。これらは発電業とともに、機器の販売や取り付けなど、発電関連の事業を行っていると考えられる。

5.9%を上回っている[12]。

今度は脱炭素ビジネスの分野ごとに、脱炭素ビジネスによる売上高が「50%以上」となった割合をみると、「温室効果ガス自体の使用量削減」が9.2%と最も高い[13]。取り組みを行っている企業の割合は4.7%と低かったが、参入している場合にはメインの事業となるケースがほかの分野より多いようだ。続く「再生可能エネルギー」(8.1%)、「省エネルギー」(6.7%)も、全体の5.9%を上回っていた[14]。

さらに、従業者規模別に「50%以上」の割合をみると、「5〜9人」が5.4%、「10〜19人」が5.5%、「20〜49人」が6.9%、「50〜299人」が7.4%となった。規模が大きくなるほど、脱炭素ビジネスを本業とする中小企業が増えるようだ。

(4)脱炭素ビジネスの業績

続いて、脱炭素ビジネスの業績を、売り上げ状況と採算状況からみていこう。まず、脱炭素ビジネスの現在の売り上げ状況をみると、「増加傾向」との回答は9.2%にとどまり、「横ばい」が59.9%、「減少傾向」が31.0%となった(図2−5)。3年後の見通しについても、それぞれ13.3%、56.5%、30.2%と、必ずしも

---

12 このほか、「運輸業」が5.9%、「教育・学習支援業」が5.0%、「情報通信業」が2.7%、「医療・福祉」が2.4%、「飲食店・宿泊業」が2.2%、「不動産業」が0.0%となった。

13 事業ごとの売上高のデータではなく、その企業が実施している脱炭素ビジネス全体の売上高を分子とする割合であるため、厳密にはその分野をメインにしているとはいい切れない。

14 このほか、「コンサルティング」が4.1%、「温室効果ガスの吸収」が4.0%、「次世代自動車関連」が3.3%、「リサイクル」が3.0%、「エネルギー以外の資源消費削減」が2.2%となった。

図２－５　脱炭素ビジネスの売り上げ状況

（単位：％）
（n＝624）

図２－６　脱炭素ビジネスの採算状況

（単位：％）
（n＝624）

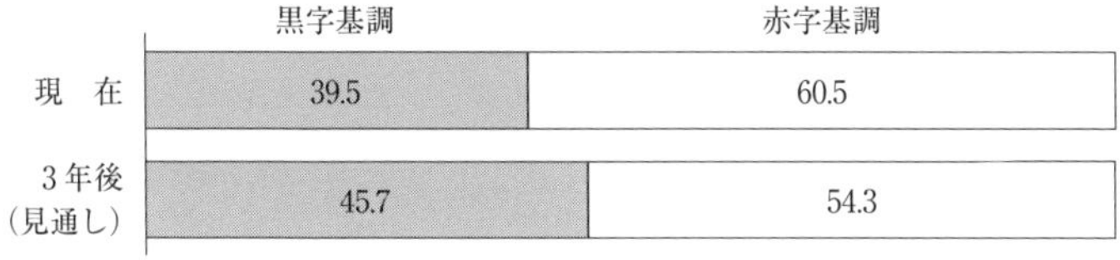

明るいとはいえないようだ[15]。

脱炭素ビジネスの現在の採算状況についても、「黒字基調」が39.5％で、「赤字基調」の60.5％を下回った（図２－６）。３年後の見通しでも、「黒字基調」が45.7％、「赤字基調」が54.3％となっている。

では、行っている脱炭素ビジネスの業績が良いのは、どのような企業なのだろうか。ここで、脱炭素ビジネスによる売上高の割合別に、脱炭素ビジネスの現在の売り上げ状況が「増加傾向」である企業の割合をみたところ、「１％未満」で2.4％、「１％以上５％未満」

15　ただし、図２－４（p.81）でみたとおり、脱炭素ビジネスによる売上高の割合はそれほど大きくはない企業が多く、回答企業の全体の売り上げ状況が良くないということではない。採算状況も同様である。

表２－３　売り上げ状況と採算状況（現在・脱炭素ビジネスによる売上高の割合別）

（単位：％）

		１％未満	１％以上 ５％未満	５％以上 10％未満	10％以上 20％未満	20％以上 50％未満	50％以上	全　体
売り上げ状況	増加傾向	2.4	9.3	10.1	15.0	13.4	28.2	9.2
	横ばい	62.2	64.1	54.7	60.8	64.4	39.6	59.9
	減少傾向	35.4	26.6	35.2	24.2	22.2	32.1	31.0
採算状況	黒字基調	25.8	46.8	43.5	51.7	45.3	49.5	39.5
	赤字基調	74.2	53.2	56.5	48.3	54.7	50.5	60.5
n		205	119	123	73	63	41	624

で9.3％、「５％以上10％未満」で10.1％と、脱炭素ビジネスの割合が高まるにつれて売り上げ状況が良くなる傾向がみられる（表２－３）。「20％以上50％未満」では13.4％と低くなったが、「50％以上」では28.2％に達した[16]。ただし、「50％以上」でも「減少傾向」が32.1％と、「増加傾向」を上回っている。

続いて、脱炭素ビジネスの現在の採算状況が「黒字基調」の割合を、脱炭素ビジネスによる売上高の割合別にみると、「１％未満」の企業が25.8％と最も低く、この区分のみが全体の39.5％を下回った。事業全体に対する脱炭素ビジネスの事業規模が非常に小さい場合は、採算が取れにくいようである。ただし、「黒字基調」の割合は、高い方から「10％以上20％未満」（51.7％）、「50％以上」（49.5％）、「１％以上５％未満」（46.8％）と、売上高の順序とはばらばらであり、脱炭素ビジネスによる売上高の割合と採算状況と

16　脱炭素ビジネスの売り上げが増加傾向にあるため、脱炭素ビジネスによる売上高の割合が高まったとも考えられる。

の明確な関係は、全体としてはみられなかった。

なお、実施している脱炭素ビジネスの分野別に売り上げ状況をみると、「増加傾向」の割合は、「コンサルティング」（14.6％）、「再生可能エネルギー」（14.2％）、「温室効果ガスの吸収」（11.1％）、「省エネルギー」（10.7％）、「温室効果ガス自体の使用量削減」（10.7％）が全体の9.2％を上回った[17]。「黒字基調」の割合は、それぞれ41.9％（３位）、45.6％（２位）、39.1％（６位）、41.7％（４位）、47.0％（１位）と、分野別にみた場合の売り上げ状況と採算状況には、一定の正の相関がみられた[18]。

3 課題と対応策

（１）脱炭素ビジネスの課題

第２節でみたとおり、脱炭素ビジネスの業績は必ずしも良いとはいえないようだ。では、なぜうまくいかないのだろうか。ここで、脱炭素ビジネスに取り組むうえでの課題について、アンケートで尋ねたところ、最も回答割合が高かったのは、「人材の確保・育成」の36.7％で、「資金の確保」（35.7％）、「低価格化」（33.6％）、「原材料の確保」（24.1％）、「販路開拓」（23.0％）がそれに続く（図２－７）。そのほかにも、「生産量の確保」（21.9％）、「技術

17　事業ごとの売り上げ状況のデータではなく、その企業が実施している脱炭素ビジネス全体の売り上げ状況であるため、厳密にはその分野をメインにしているとはいい切れない。採算状況についても同じ。

18　「増加傾向」の割合が全体より低い「エネルギー以外の資源消費削減」（8.9％）、「次世代自動車関連」（8.5％）、「リサイクル」（7.4％）は、「黒字基調」の割合も、それぞれ40.7％（５位）、37.0％（８位）、37.9％（７位）と低い。

図２－７　脱炭素ビジネスに取り組むうえでの課題（複数回答）

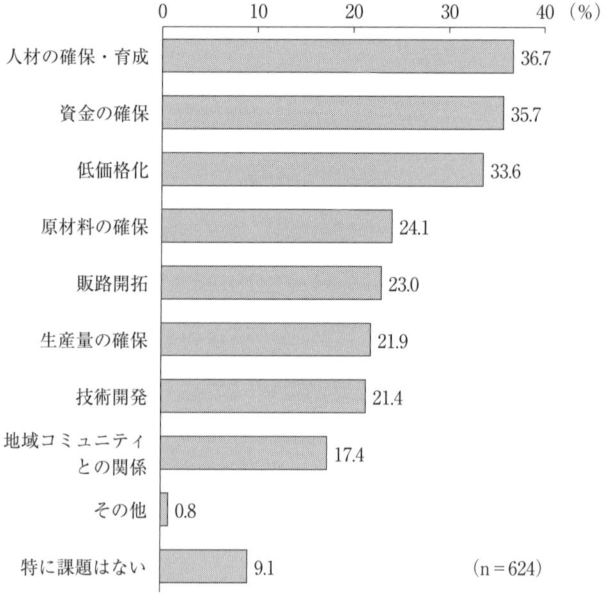

開発」（21.4％）、「地域コミュニティとの関係」（17.4％）と、さまざまな課題が浮かび上がった。この質問では当てはまる課題をすべて回答してもらったが、「特に課題はない」（9.1％）と答えた企業を除いて計算すると、１社当たり2.4個の課題を抱えていることになる。

第３章で詳しく紹介する、当研究所がヒアリングを行った中小企業８社は、現在、脱炭素ビジネスで一定の成功を収めている。しかし当然ながら、事業として成り立たせるまでには、さまざまな課題があったようだ。現在でもまだ完全には解決されていない課題もあるものの、事業を進めるうえでの大きなボトルネックを克服したからこそ、脱炭素ビジネスで成功できたともいえる。そこで、ここからは、アンケートで挙げられた課題に対し、ヒアリング先企業がどう対応したのか、みていきたい。

(2) ヒアリング先企業にみる対応策

表2－4は、ヒアリング先8社の脱炭素ビジネスに取り組むうえでの課題を示したものである。アンケートでの回答割合が高い順に、それぞれの課題に対する各企業の対応策を整理したい。ただし、各企業の主な課題はアンケートへの回答ではなく、ヒアリングをもとに整理したものである。

まず、脱炭素ビジネスに取り組むうえでの課題として最も回答割合が高かった「人材の確保・育成」については、ヒアリングでも多くの企業が課題として挙げていた。これに対し、次世代自動車の重要部品を製造する㈱FJコンポジット［事例6］、高回収率のフロン・炭化水素系ガスの回収機を製造する㈱中島自動車電装［事例8］のように、OJTや研修を積極的に行うことで従業員の能力向上を図っているケースがみられた。また、技術開発の中核となる人材として、農業残渣を燃料とするバーナーを開発した㈱武田鉄工所［事例3］のように大学の研究者をスカウトしたり、二酸化炭素冷媒冷凍機を開発した日本熱源システム㈱［事例1］のように海外のエンジニアに協力を求めたりと、外部から専門家を招くことも、高度な技術を扱う場合には有効であるようだ。

続く、「資金の確保」については、第3章の企業事例ではあまり詳しく触れていないが、多くの企業で銀行や政府系金融機関からの融資によって必要な資金を調達していた。また、㈱FJコンポジット［事例6］は、新製品を開発する設備投資のために、ベンチャー

表２－４　ヒアリング先企業が抱える主な課題

事例番号	企業名	脱炭素ビジネスの内容	主な課題：人材の確保・育成	主な課題：資金の確保	主な課題：低価格化	主な課題：原材料の確保	主な課題：販路開拓	主な課題：生産量の確保	主な課題：技術開発	主な課題：地域コミュニティとの関係
1	日本熱源システム㈱	日本仕様の二酸化炭素冷媒冷凍機の製造	◎		◎	◎	◎	◎	◎	
2	アイロップ㈱	包装の最適化による資材削減・輸送効率化				◎	◎		○	
3	㈱武田鉄工所	農業残渣を燃料とするバーナーの製造	○			◎	◎		◎	◎
4	㈱ SAMURAI TRADING	卵殻原料のバイオマスプラスチックの製造				◎	◎	◎	○	
5	㈱関商店	廃プラスチック・古紙の固形燃料化				◎	◎	◎	○	◎
6	㈱ FJ コンポジット	次世代自動車用の重要部品の製造	◎	◎	○		○	○	○	
7	一般社団法人日本クルベジ協会	バイオ炭による二酸化炭素の地中貯留			◎	◎	◎	◎		◎
8	㈱中島自動車電装	高回収率のフロン・炭化水素系ガス回収機の製造	◎				○		○	

資料：企業ヒアリングをもとに筆者作成
（注）各企業が脱炭素ビジネスに取り組むうえでの課題として、第３章の企業事例で明示したもののうち、現在も抱えているものに◎を、過去に抱えていたものに○を、それぞれ記した。

キャピタルからの投資を受けていた。ヒアリングでは、こうした資金調達の際に問題となったのが、これまでにない商品・サービスを、金融機関の担当者にわかりやすく説明し、理解してもらうことだったとの声が多かった。

３番目の「低価格化」も、脱炭素ビジネスの成功には重要なポイントであろう。第１章でも、中小企業において温室効果ガス削減の取り組みが進まない理由の一つとして、コスト面の課題が挙げられている。また、経営の負担にならない範囲で温室効果ガス削減の取り組みを進めたいとする中小企業が多かったことを考えれば、単に価格を下げるだけではなく、利用することが取引相手の企業にとって金銭的にプラスとなるような商品・サービスを提供することが理想である。企業事例では、対応策として、日本熱源システム㈱［事例１］の冷凍機のように技術研究や生産効率化で低価格を目指す取り組みがみられた。

回答割合が４番目に高い「原材料の確保」も、複数のヒアリング先企業が課題ととらえていた。対応策として、㈱武田鉄工所［事例３］は農業残渣バーナーの燃料を集めるために農協などと、バイオマスプラスチックを扱う㈱SAMURAI TRADING［事例４］は原料の卵殻を確保するために食品工場などと、密接な協力関係を築いている。特にリサイクルの分野では、他社との連携が原材料の確保に欠かせないようだ。

「販路開拓」についても、これまでにない商品・サービスであるため、工夫が必要だろう。包装の最適化による資材削減・輸送効率化を提案しているアイロップ㈱［事例２］では、顧客に対して自社の包装技術を理解してもらうため、用途開発を含めたコンサルティング機能を高めている。㈱SAMURAI TRADING［事例４］は、県のビジネス大賞に積極的に応募し、奨励賞と大賞を相次いで受賞した。それによって自社と製品の知名度向上が図られ、販売先の確保に成功している。廃プラスチックや古紙を固形燃料に加工する㈱関商店［事例５］は、まず製品のサンプルを提供し、問題なく使用できることを確認してもらうことで販売先を増やした。また、㈱中島自動車電装［事例８］では、外部からの要請に対応して炭化水素系ガス回収機を新たに開発し、新しい顧客を得ていた。

「生産量の確保」のためには、日本熱源システム㈱［事例１］や㈱FJコンポジット［事例６］のように、積極的な設備投資が必要な場合もある。そのためには、前述の「資金の確保」「原材料の確保」の問題も解決しなければならないだろう。一方、バイオ炭による二酸化炭素の地中貯留を目指す一般社団法人日本クルベジ協会［事例７］のように、製炭業者とのネットワークを積極的に構築することで、バイオ炭の生産量を確保するという取り組みもみられた。

脱炭素ビジネスのコアとなる「技術開発」は、㈱FJコンポジット［事例６］の次世代自動車関連部品の開発にみられるように、経営者自身が中心となって新製品のアイデアを出し、開発を行っている企業がある一方で、前述したとおり、海外から技術者を招聘《しょうへい》した日本熱源システム㈱［事例１］や、大学の研究者をスカウトした㈱武田鉄工所［事例３］のように、外部の人材を登用しているケースもあった。また、アイロップ㈱［事例２］では、高機能の試験装置を多数導入することで、顧客のニーズに応える新しい包装方法を短期間で開発できる体制を確立している。これに対して、㈱武田鉄工所［事例３］では、地域の研究機関や農家との連携によってバーナーの開発を進めていた。そのほかの企業も、潜在的なニーズの情報をいち早くつかむことで、技術開発につなげているようだ。

脱炭素ビジネスをスムーズに進めるためには、「地域コミュニティとの関係」を良好に保つことも重要だ。廃プラスチックや古紙という産業廃棄物を扱う㈱関商店［事例５］では、工場が地域住民に受け入れられるよう、地方自治体の担当者との連携を欠かさない。一般社団法人日本クルベジ協会［事例７］では、バイオ炭を活用して栽培した野菜を、小売店を通じて地域住民に販売することで、取り組みをアピールしている。

このように、ヒアリング先の各企業は、さまざまな課題を解決することで、脱炭素ビジネスを成功させている。ここでそれぞれの分野での対応策を振り返ってみると、三つのキーワードがみえてきた。

まず第１に「人材」である。新しい商品・サービスを開発していくには、優秀な人材が欠かせない。話をうかがった経営者には自ら技術開発を主導するアイデアマンも少なくないが、特殊な分野であるだけに、外部人材を登用することで技術的問題を解決しているケースもあった。生産量・販売量が増えるのに合わせて、従業員の育成に力を入れている企業も多かった。

第２に「情報」である。脱炭素ビジネスは、さまざまな分野で進められている。規制や社会情勢の変化によって、新たなニーズが生まれる可能性が高い分野でもある。ヒアリング先は、こうした情報をいち早く把握することで、各分野での先駆者となっている。一方、これまでにない商品・サービスを販売していくには、消費者や企業に対し、その特徴を理解してもらう必要がある。金融機関の担当者に対しても、同じことがいえる。各社は、積極的かつわかりやすい情報提供を進めているようだ。

第３に「ネットワーク」である。他社や地方自治体などと連携することで、商品・サービスの開発を進めたり、原材料の調達先や販売先と効率的なサプライチェーンの構築を進めたりと、ネットワークの構築によって課題に対応している例が多数みられた。

この、「人材」「情報」「ネットワーク」というキーワードは、もちろん脱炭素ビジネス以外でも重要である。ただ、これまでにない商品・サービスが多い脱炭素ビジネスでは、これらの重要性は、より一層高いと考えてよいだろう。

4 おわりに

ここまで本章では、中小企業の脱炭素ビジネスへの取り組みについて分析した。実際に脱炭素ビジネスを行っている中小企業の事例からは、脱炭素ビジネスの多様性とユニークさがみてとれた。アンケートからは、何らかの脱炭素ビジネスを行っている中小企業は37.1%であること、分野別では、「リサイクル」「省エネルギー」「再生可能エネルギー」など、業種別では、「不動産業」「小売業」「飲食店・宿泊業」などで実施割合が高いことがわかった。

ただし、脱炭素ビジネスの売上高は、売上高全体の10%未満である企業が約４分の３を占めており、脱炭素ビジネスが主たる事業であると考えられる50%以上の割合は5.9%にとどまっている。脱炭素ビジネスの現在の売り上げ状況が増加傾向である企業は9.2%、採算状況が黒字基調である企業は39.5%と、必ずしもビジネスが順調であるとはいえないことも明らかになった。また、脱炭素ビジネスを進めるうえでは、「人材の確保・育成」「資金の確保」

「低価格化」「原材料の確保」など、さまざまな課題がある。

一方、当研究所がヒアリングを行った先駆的な中小企業８社では、「人材」「情報」「ネットワーク」という三つのキーワードに集約される対応策がとられていることがわかった。こうした対策によってさまざまな課題を克服し、脱炭素ビジネスで一定の成功を収めているのである。

温室効果ガスに関連する規制や社会の考え方が変化することで、今後も脱炭素への取り組みを促進する新たな商品・サービスへのニーズが次々に生まれてくる可能性が高い。脱炭素に向けてさまざまな取り組みが進められていることを考えれば、その取り組みを促す商品・サービスの比較的小規模な市場が多数誕生すると予想される。全国的にみると大きな市場であっても、地域ごとに商品・サービスの担い手が必要になる場合もある。わが国の温室効果ガス削減に向けた動きを加速させるためにも、こうした市場における脱炭素ビジネスの担い手として、多くの中小企業が活躍することに期待したい。

第3章

脱炭素ビジネスの先駆者たち

日本政策金融公庫総合研究所
研究員　原澤 大地

事例一覧

事例 番号	企業名	脱炭素ビジネスの内容	創業年 (年)	従業者 数 (人)	所在地	掲載頁
1	日本熱源システム㈱	日本仕様の二酸化炭素 冷媒冷凍機の製造	1987	120	東京都 新宿区	97
2	アイロップ㈱	包装の最適化による 資材削減・輸送効率化	1951	50	大阪府 大阪市	107
3	㈱武田鉄工所	農業残渣を燃料とする バーナーの製造	1952	24	北海道 帯広市	117
4	㈱ SAMURAI TRADING	卵殻原料のバイオマス プラスチックの製造	2017	5	埼玉県 桶川市	127
5	㈱関商店	廃プラスチック・古紙の 固形燃料化	1939	150	茨城県 古河市	137
6	㈱ FJ コンポジット	次世代自動車用の 重要部品の製造	2002	35	北海道 千歳市	147
7	一般社団法人 日本クルベジ協会	バイオ炭による 二酸化炭素の地中貯留	2015	3	大阪府 茨木市	157
8	㈱中島自動車電装	高回収率のフロン・炭化 水素系ガス回収機の製造	1970	39	群馬県 前橋市	167

ヒアリングは、2022年6月から11月にかけて訪問により実施した。

事例 1

日本の冷凍機を自然冷媒に変える

企 業 名：日本熱源システム株式会社
代 表 者：原田 克彦（はらだ かつひこ）
創　　業：1987年
従業者数：120人
事業内容：産業用冷凍機の製造・メンテナンス
所 在 地：東京都新宿区四谷1-6-1　四谷タワー20F

【脱炭素事業の歩み】

1987年	創業
1999年	ドイツの冷凍機メーカーと技術提携
2010年	原田克彦さんが社長に就任
2012年	二酸化炭素冷媒冷凍機の研究開発を開始
2015年	二酸化炭素冷媒冷凍機の初号機が完成
2016年	二酸化炭素冷媒冷凍機「スーパーグリーン」を発表
2019年	㈱日刊工業新聞社主催「第22回オゾン層保護・地球温暖化防止大賞」優秀賞を受賞
2020年	一般財団法人省エネルギーセンター主催「2019年度省エネ大賞」中小企業庁長官賞を受賞
2021年	㈱日刊工業新聞社主催「第24回オゾン層保護・地球温暖化防止大賞」経済産業大臣賞を受賞
	マレーシアに二酸化炭素冷媒冷凍機を納入
2023年	経済産業省・国土交通省・厚生労働省・文部科学省主催「第9回ものづくり日本大賞」優秀賞を受賞

自然冷媒で地球温暖化を抑制

東京都新宿区にある日本熱源システム㈱は、冷凍、製氷などに使われる大型冷凍機の製造から、設置、メンテナンスまで行う企業だ。とりわけ、二酸化炭素やアンモニアなど自然界にもともと存在する物質を使った「自然冷媒」の冷凍機分野で業界をリードしている。

同社の売り上げの約５割を占める主力製品が、二酸化炭素冷媒冷凍機の「スーパーグリーン」シリーズである。モデルによっては-45℃まで冷却でき、物流企業の冷凍倉庫や冷凍食品の製造工場などで広く利用されている。社長の原《はら》田《だ》克彦《かつひこ》さんによると、高性能な部品を使用し、気候や使用条件に合わせて細かく制御することで、一般的な冷凍機と比べて20％から40％の省エネルギー化に成功しているという。

自然冷媒の強みは、これまで冷媒として多用されてきたフロンガスと比べて、地球温暖化の抑制につながる点である。冷媒とは、熱を移動させる物質のことだ。物質は液体から気体になるときに周囲の熱を奪い、逆に気体から液体になると熱を放出する性質がある。冷凍機はこれを利用し、冷媒の気化と液化を繰り返すことで熱を移動させているのである。例えば冷凍倉庫では、室外に設置された冷凍機から配管を通じて液体の冷媒を室内の蒸発器に送り込み、そこで冷媒を膨張させて気体にすることで倉庫を冷却している。気体になった冷媒は室外に送られ、冷凍機内で圧縮されて再び液体となる。こうして、倉庫内にあった熱が外気に放出されるのだ。

フロンガスのなかでも冷媒によく使われてきたのが、毒性が低く、

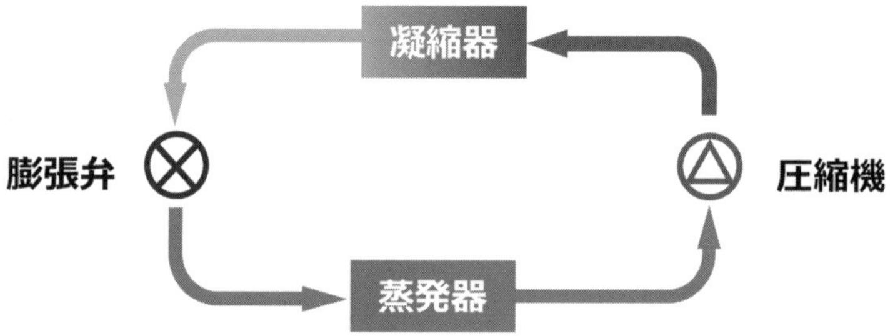

冷凍サイクル（提供：日本熱源システム㈱）

不燃性で、冷却効率も高い特定フロンのR22冷媒だ。ただし、R22冷媒はオゾン層を破壊する性質をもつだけでなく、二酸化炭素の1,810倍の温暖化能力があり、環境への負荷がきわめて大きい。そのため、1987年にカナダで採択されたモントリオール議定書で段階的な削減目標が定められ、先進国では2020年以降の新規生産が全廃された。代わりに使用されるようになったのが、同じフロンガスでもオゾン層を破壊しない代替フロンである。その代表例が複数の冷媒を混ぜたR-404A冷媒だが、これも温暖化能力は二酸化炭素の3,920倍と高く、2016年にルワンダのギガリで採択されたモントリオール議定書の改正により、約20年かけて生産量を85％減らす目標が設定された。

今でもフロンガスを使用している冷凍機は多いが、稼働中にどうしても冷媒は少しずつ漏出していく。また、機器の廃棄時にはフロンガスの回収が法律で定められているものの、全量の回収は技術的に難しい。そのため、環境省が公表している業務用冷凍空調機器からのフロンガスの回収率は４割程度にとどまっている。つまり、半分以上が大気中に放出されているのである。

一方、同社が冷媒として使っている二酸化炭素は、フロンガスと比べて地球温暖化への影響が圧倒的に小さい。しかも、開発した二酸化炭素冷媒冷凍機は省エネルギー効果も高い。こうした環境性能が評価され、同社は「2019年度省エネ大賞」中小企業庁長官賞や「第24回オゾン層保護・地球温暖化防止大賞」経済産業大臣賞などを受賞している。

ドイツ企業との提携がきっかけ

同社は、原田さんの父が1987年に創業し、それ以来ヒートポンプと呼ばれる空調用の冷暖房機器を製造していた。ドイツの冷凍機メーカーと技術提携を行い、ドイツ製の圧縮機を使ってヒートポンプに加え産業用冷凍機の製造を始めたのは1999年のことだ。

当時の日本では、自然冷媒冷凍機は少なく、同社の冷凍機も最初はフロンガスを用いていた。この時点では自然冷媒を使うという発想がなかった同社であるが、環境対策が進んでいるドイツの企業と提携したことで、自然冷媒の欧州での普及状況が伝わってくるようになった。これに着目したのが、2010年に社長となった原田さんだ。今後、日本でも自然冷媒の需要が高まると確信し、フロンガス冷媒冷凍機からの転換を決意したのである。

欧州で普及している大型冷凍機用の自然冷媒のうち、代表的なのはアンモニアと二酸化炭素である。アンモニアは冷却効率が高いものの、毒性が強く取り扱いが難しいため、当時は顧客に受け入れてもらえない可能性が高かった。一方で、二酸化炭素は毒性が低いものの圧力が高いため、冷涼な欧州では問題はないが、日本のように猛暑となる地域では十分な性能が発揮できないという課題があった。しかし、さまざまな工夫や開発を進めれば、日本でも実用化できるはずだ。そう判断した原田さんは、2012年に二酸化炭素冷媒を使った冷凍機の開発をスタートさせた。アンモニア冷媒冷凍機は、欧州で使われている製品を調整すれば日本でも問題なく使えることがわかったため、ドイツの冷凍機メーカーと提携し、アンモニア冷媒を求める顧客に対してはドイツ製の冷凍機を同社が輸入し、設置とメンテナンスを行うことで対応した。

欧州とのネットワークを駆使

開発に当たり、まず部品探しから始めたのだが、きわめて高い圧力に耐え得る特殊な部品は、国内では見つからなかったという。そこで、提携しているドイツの冷凍機メーカーから高性能の圧縮機を調達し、それ以外の部品もそのメーカーの協力を得て、欧州製のなかから適したものを一つずつ選んでいった。

技術者の問題にも直面した。フロンガスを冷媒とする冷凍機の製造技術は社内に蓄積されていたものの、二酸化炭素冷媒の冷凍機を

二酸化炭素冷媒冷凍機「スーパーグリーン」

設計できる人材は、社内はおろか日本全国を探しても見当たらなかったからだ。そこで、複数の技術者をドイツに留学させた後に、ドイツからも技術者を招くことにした。その指導の下で実験を繰り返しながら、外気温に合わせた圧力の制御、猛暑時における放熱部への散水など､日本の気候に適した工夫を冷凍機に盛り込んでいった。

こうして３年の開発期間を経て2015年に初号機が完成し、2016年にスーパーグリーンと名付けて発表したところ、大きな反響があったそうだ。二酸化炭素冷媒冷凍機は長らく日本での実用化が困難だと思われていたため、需要がどのくらいあるのか不安もあったが、実際には原田さんが思っていた以上に市場で求められていたのである。他社に先駆けて販売をスタートできたことで、自然冷媒の分野における同社の知名度も一気に高まった。

また、ドイツ製のアンモニア冷媒冷凍機は、当初こそ顧客の反応は芳しくなかったものの、同じ自然冷媒である二酸化炭素で実績がある同社が設置してメンテナンスも行うのならと、受け入れる顧客が徐々に増えていったという。アンモニア冷媒冷凍機は二酸化炭素冷媒冷凍機よりも大規模な施設での導入が進み、今では同社の売り上げの約３割を占めるまでになった。

海外への展開を目指す

冷凍機のメーカーは、大手企業も含め国内に多数存在する。ただ、自然冷媒を使った大型冷凍機の分野では他社を圧倒していると原田さんは自信をもって語る。中小企業でありながらここまでの地位を築いた理由を原田さんに尋ねたところ、むしろ規模が小さいからこそ意思決定が迅速にでき、二酸化炭素冷媒に思い切って経営資源を集中投下できたため、現在の成功につながったのだという。また、自然冷媒の先進国であるドイツの企業と提携していたことも大きいだろう。高効率の圧縮機を製造できる冷凍機メーカーと提携している同社は、部品調達の面でも他社より数歩先を行っている。

欧米には提携先以外にも冷凍機メーカーが複数あるが、日本の気候に適した製品をつくるノウハウはもっていない。また、アフターサービス体制を構築するのも、海外の企業にとっては容易でないため、今のところ脅威とはなっていないという。

そんな同社の目下の悩みは、多くの部品を欧州から輸入しているため、輸送コストを加味すると製品価格が割高になってしまう点だ。そこで、国内で部品を製造できる企業を探しているという。今後二酸化炭素冷媒の市場が拡大し、生産ロットが増えていけば、部品の国産化や低価格化も期待できるだろう。

現在、国内で稼働している大型冷凍機の半数程度は、まだオゾン層を破壊する特定フロンであり、地球温暖化への影響も大きいR22冷媒を使っているのだそうだ。冷媒の在庫が大量に残っており、当面は設備の更新をする必要がないためだという。この状況に対し、原田さんはフロンガスの温室効果についてもっと目を向けるべきだと感じている。冷媒をフロンガスから自然冷媒へと切り替えることの重要性について、冷凍機の仕組みを詳しく知る設備の担当者は理解を示してくれても、設備投資の決定権をもつ経営層があまり乗り気でなく、導入の話が進まないことは少なくないという。

こうした現状では、冷凍機メーカーがどれだけ自然冷媒のメリットをアピールしても、大きなムーブメントにはなりにくい。それよりも、食品、化学、小売り、物流など、冷凍機を多数使用している業界で、それぞれリーダー的な地位にある注目度の高い企業が自然冷媒へと移行すれば、流れが一気に変わると原田さんは期待している。

自然冷媒冷凍機の普及に向けて、同社ではさまざまな取り組みを進めている。その一つが空調機への用途拡大だ。二酸化炭素冷媒は空調用途の温度帯で効率よく稼働させるのが難しいのだが、地球温暖化を防ぐために避けては通れない道であり、実用化に向けて研究に邁進《まいしん》している。加えて、2023年には増加する需要に対応するため滋賀工場に新しく２号館を増築し、量産体制を強化した。人員確保も急務である。二酸化炭素冷媒冷凍機の開発で社内の人材は育ってきているものの、まだまだ技術者は不足しており、ヘッドハン

２号館を増築した滋賀工場

ティングを含めた取り組みを行っているところだという。

原田さんの目は海外も見据えている。ターゲットは環境意識が高まりつつある東南アジアである。日本より高温多湿ではあるものの、現地で試験を行ったところ、同社の製品であれば問題なく稼働することがわかったからだ。2021年には、初めてマレーシアの冷蔵倉庫に製品を納入しており、今後もさらなる販売の拡大を見込んでいる。海外の先進的な企業に学んで成長してきた同社であるが、このまま国内外の需要を取り込んでいけば、そう遠くないうちに自然冷媒冷凍機メーカーとして世界に名をはせるのではないだろうか。

事例２

包装の力で物流の課題に挑む

企 業 名	アイロップ株式会社
代 表 者	米田 芳弘（よねだ よしひろ）
創　　業	1951年
従業者数	50人
事業内容	包装資材販売、包装設計
所 在 地	大阪府大阪市淀川区塚本3-6-9

【脱炭素事業の歩み】

1951 年	東洋実業株式会社として創業
1962 年	包装技術センターを設立
1997 年	中国・上海に子会社を設立
2001 年	ISO9001（品質マネジメントシステム）認証を取得
2004 年	現社名に変更
2012 年	タイ・バンコクに子会社を設立
2018 年	段ボール製家具の受注生産を開始

日本の物流を改善する包装の専門家

環境省と国立環境研究所によると、2020年度における日本の二酸化炭素排出量のうち約８％を貨物運輸部門が占めるという。これは日本の全家庭が排出する二酸化炭素の約半分に当たる膨大な量であり、物流業界では削減の取り組みが強く求められている。

物流業界における取り組みとして、まず浮かぶのは輸送手段の刷新だ。トラックをディーゼル車から電気自動車や燃料電池車に転換すれば、二酸化炭素の排出量は減る。ただし、費用がかかるうえ、車両の性能もまだ発展途上であるため、飛躍的には進まないだろう。

それとは異なる方法で物流業界における脱炭素に貢献しているのが、大阪市にあるアイロップ㈱である。同社の主力事業は、箱、袋、緩衝材などいわゆる包装資材の販売だ。ただし、単なる卸売業者ではない。資材の使用量を最小限に抑えたり、包装を軽量化・小型化したりと、物流の省資源化や効率化につながる適正な包装を設計して顧客に提案する、包装のコンサルティング会社なのである。

現社長の米《よね》田《だ》芳弘《よしひろ》さんによると、同社の顧客は自動車や電気機械など多様な業界にわたるという。包装設計を依頼される品物も自動車用の部品から大型の家具、パソコンのような精密機器まで幅広い。

多くの顧客にとって、物流における最も切実な要望はコストの削減である。そこで同社は、少ない資材で強度を確保できる設計にしたり、何度も使える資材を採用したりすることで、コストを抑える提案を行っている。発泡スチロール製の緩衝材のような化石燃料由来の包装資材の使用量削減は、二酸化炭素の排出削減にもつながる。

包装の形状や方法などを工夫し、品物の積載効率を高めるのも同社の得意とするところだ。トラック２台で輸送していた品物が１台で運べるようになれば、その分だけ輸送費とエネルギー消費量を減らすことができる。このように、同社は物流におけるコストの削減と脱炭素を両立させる優れたサービスを提供しているのである。

同社は、前社長である米田さんの父が1951年に創業した。「当時の日本では、木箱で包装を行う際、職人の経験と勘に依存している状態だったそうです。そんななか、米軍式の木箱設計の科学的なアプローチを知った父が、包装の世界に可能性を感じ、日本で初めて包装設計を専門にした会社を設立したと聞いています」と米田さんは語る。創業後、1962年には包装技術センターを開設し、研究を積み重ねていった結果、同社は包装設計の分野で国内屈指の企業に成長したのである。

条件に最も適した包装を提案

同社が顧客から相談を受けると、まず品物のサンプルを預かり、輸送時の条件を確認する。数量、輸送手段、想定される衝撃、コストなどといった点だ。これらを把握したら、さまざまな資材のなかから条件に合うものを選び、強度や包装時の手間などを考慮して最も適した包装方法を設計する。設計後は試作品で落下や圧縮、振動などの試験を行い、安全性を確かめたうえで顧客に提案している。

では、包装設計とは具体的にどのようなものなのだろうか。ここでは、工場で製造したルームエアコンの部品を次の四つの条件で輸

同じ製品でも条件によって包装方法は異なる

送したいと相談が来た場合に、顧客に行う提案の例を紹介しよう。

一つ目が、修理用のサービスパーツを単品で梱包し、国内の取引先に輸送する場合だ。こうした相談には、箱に段ボールを使用し、部品の形に合わせて切り出した段ボールで固定する。ここで重視したのは、資材の捨てやすさだ。一回きりの輸送の場合、資材はそのまま捨てられてしまう。その際、緩衝材として発泡スチロールを使用していると分別が手間である。リサイクル率が高い段ボールのみを使うことで、分別が不要となるうえに環境負荷を抑えられる。

二つ目が、同じ国内輸送でも自社の別工場へ大量の部品を定期的に運ぶ場合だ。こういったときは、軽くて耐久性も高いプラスチックの出番だ。折りたためるプラスチックの箱を採用し、固定用の緩衝材もプラスチックでつくれば、繰り返し使えて経済的である。帰路には箱を折りたたむことで別の荷物を積載する空間が生まれる。

三つ目が、数十個の部品を海外の取引先に船便で一回だけ送る場合だ。海外輸送では国内輸送と比べると貨物が丁寧に取り扱われないケースが多く、ほかの荷主と乗り合いでコンテナに混載する場合がほとんどであるため、より高い強度が必要となる。また、輸送費は重量だけでなく容積も加味されるため、できれば包装はコンパクトにしたい。こういった状況であれば、合板の箱を提案している。強度の割に軽く、箱の寸法も調節しやすいからだ。固定用の緩衝材は段ボールでつくることで、ぎりぎりまで軽量化できる。

四つ目が、海外の自社工場へ大量の部品を定期的に送る場合だ。こういったときはコンテナを一本借り切る。輸送費用はコンテナの本数で決まるため、包装の重量を気にする必要がなくなる。代わりに必要なのは、繰り返しの船旅に耐え得る強靭《きょうじん》さだ。ここで活躍するのがスチールである。折りたたみできるスチールラックなら、長期間にわたって使用でき、海外からの返送時も邪魔になりにくい。

このように、同じ品物でも輸送条件によって最適な包装は異なる。もちろん輸送する品物によっても梱包の方法は変わるから、包装の選択肢は無数に存在する。同社ではこれまで約6,000種もの包装手法を開発し、日本における物流の効率化に貢献してきたのである。

包装設計の分野に経営資源を集中

同社の特徴は、段ボールやスチールラックなどといった包装資材の製造機能をもたず、包装設計に特化している点にある。試作用の

充実した試験装置

機械を除き、製造設備は保有していない。代わりに、国内外の資材メーカー約300社と協力関係を構築している。同社の設計をもとに協力会社が資材を製造し、それを顧客に販売することで利益を得るというビジネスモデルになっている。

包装設計に特化するメリットは、資材を自由に選べる点だ。もし自社で資材を製造している場合、他社製よりも自社製のものを優先的に使って利益を最大化させようとしてしまい、顧客にとって最高の提案ができない可能性がある。そのため、あえて自社で製造しないことで、国内外に存在する多様な資材から最適なものを客観的に選択できるようにしている。

メリットはもう一つある。包装の強度を確かめるための落下試験機や圧縮試験機、試験時の条件を同一にするための恒温恒湿室など、試験用の設備に資金を集中投下できる点だ。これほどの設備をそろえている企業はほかにないのでは、と米田さんは自負している。

もしこれらの設備がなければ、試験のたびに外部の設備を借りる必要がある。だが、その場合は事前予約が必要となり、日時の融通が利きにくいうえ、利用時間も限られてしまう。同社の場合は自社で設備をもっており、設計案を思いついたらすぐに試験ができる。そのため、簡単な包装なら数日で対応可能だ。また、試験の回数を増やせる分、大量のデータを社内に蓄積でき、それが新しい設計につながっている。包装設計という専門分野に特化したことで、ほかの企業にはない即応力と発想力を手に入れたのである。

脱炭素をセールスポイントにする

物流を改善する優れたサービスを提供している同社であるが、二酸化炭素の排出削減効果については顧客に十分認知されているわけではないのが現状だという。先に述べたように、顧客の多くは物流におけるコストの削減を望んでおり、最初から脱炭素を目的とする顧客は多くない。同社は資材使用量の削減や積載効率の向上といった物流全体でのコストダウンの提案をすることで、結果として脱炭素に貢献してはいるものの、現状では副次的な効果という色合いが強いという。そのため、今後は同社のサービスが脱炭素につながる点をより強くアピールしていく方針だ。

数年前から始めた子ども用の段ボール製家具の受注生産も、その一環である。段ボールは長年使用する家具には使いにくいが、成長

子ども用の段ボール製家具

が早い子ども用のいすや机なら使用期間が2〜3年程度なので問題ない。包装設計のノウハウを活用しているので軽くて丈夫であり、使わなくなったら古紙としてリサイクルできる。環境に配慮した企業であると、より多くの人に知ってもらうことが、家具事業のねらいだ。

近年はサプライチェーン全体において脱炭素が要請されるようになり、物流の過程で排出される二酸化炭素の削減に本腰を入れて取り組む企業が少しずつ増えているという。こういった需要をとらえるため、脱炭素につながる具体的な効果を前面に押し出していきたいところではあるが、次の２点がネックになっているそうだ。

１点目は、二酸化炭素の排出削減量にかかわるデータの不足だ。それぞれの資材が製造されて顧客の元まで運ばれてくるまでの二酸化炭素排出量が必ずしも明らかになっていないため、資材の使用量がどのくらい減るかは明示できるものの、それを排出削減量に換算することが難しいのが現状なのである。

２点目は、脱炭素に寄与する資材ラインアップの不足だ。例えば、荷崩れや損傷を防ぐために巻くストレッチフィルムはビニール製であり、できれば使用量を減らしたいが、コスト面で対抗できる代替品がないためやむなく使用しているという。このように、資材自体にも二酸化炭素の排出削減余地が多くあるため、脱炭素を意識した新製品が市場に投入されることが期待されている。

こうした問題の解決には、資材の製造や運搬時の二酸化炭素排出量の把握・公表、環境負荷の少ない新たな資材の開発など、業界全体での取り組みが欠かせないと米田さんは考えている。

これからの包装には、コスト、機能、脱炭素という三つの要素の繊細なバランスが求められる。長年にわたりノウハウを蓄積してきた同社にしか解決できない問題も増えていくだろう。世界中の資材により広くアンテナを張り、包装設計の技術をさらに磨いて、脱炭素の需要に応える提案力を鍛えていくことが、今後の同社の目標だ。

脱炭素の動きは新しい市場を生み出しているが、製品やサービスまで新しいものとは限らない。同社のように、既存の製品やサービスで脱炭素に貢献している企業もある。そうしたなかでは、従来意識されてこなかった脱炭素の効果をうまくアピールすることで、需要をつかんでいくのと並行し、脱炭素効果の大きい新たな製品・サービスの開発を進めていくこともポイントになるだろう。

事例３

バイオマスバーナーで 地域資源の好循環を目指す

（左・社長の米田さん、右・バイオマスバーナー開発担当の佐藤さん）

企 業 名：株式会社武田鉄工所
代 表 者：米田 真基（まいた まさき）
創　　業：1952年
従業者数：24人
事業内容：一般産業機械、バイオマスバーナーの製造・整備
所 在 地：北海道帯広市西３条南37-1-11

【脱炭素事業の歩み】

1952年	創業
1978年	法人設立
2010年	バーナーの開発を開始
2014年	環境・循環エネルギー室を設置
2016年	バイオマスバーナーを製品化
2018年	中小企業庁「はばたく中小企業・小規模事業者300社」に選出
	経済産業省「地域未来牽引企業」に選出
2020年	米田真基さんが社長に就任

農業残《ざん》渣《さ》を燃料とするバイオマスバーナーを開発

北海道帯広市の㈱武田鉄工所は、独自のバイオマスバーナーを開発して注目を集めている。従来、バイオマスバーナーは、間伐材や木くずを原料とする木質ペレットなど、木質燃料を使用するのが一般的だった。しかし、同社の製品なら、これまで燃料に適していなかった農業残渣と呼ばれる有機廃棄物を燃やすことが可能だ。

農業残渣のうち、主に燃料として用いているのは、小麦のもみ殻や商品にならない小ぶりの小麦といった、小麦くずだ。同社がある北海道の十勝地方は小麦の一大産地であり、小麦くずが大量に排出されていたが、堆肥の水分調整に使うぐらいしか活用法がなく、ほぼ無価値だった。しかし、これを燃やし、燃焼ガスを熱交換器で温風にすれば、農業用ハウスや工場の暖房に利用できる。

バーナーと熱交換器は一体化し、燃料ホッパーはバーナーの上部に設置する構造で、全長3.2m、幅0.8m、燃料ホッパーを外した高さは2.2mと小さめだ。社長の米《まい》田《た》真《まさ》基《き》さんいわく、フォークリフトやトラックを使って設置場所を簡単に変えられるよう小型化したという。熱出力は１時間当たり約５万kcal、価格は約500万円だ。

事業の多様化を目指して開発に着手

同社はもともとバーナー製作を本業としていたわけではない。近隣には、十勝地方で広く栽培されているビートを砂糖に加工する工

小型バイオマスバーナーユニット

場がある。そうした製糖工場の大型機械の整備が最大の仕事だ。春から夏にかけて製糖作業が一段落する期間に、多くの社員がプラントに入ってメンテナンスを行っている。

逆に、秋から冬にかけては製糖工場がフル稼働しているため、同社にとっては閑散期に当たる。この時期に売り上げをどう確保するかが長年の課題であった。製糖用機械の製造や整備で培った金属加工技術を生かし、大型タンクや橋脚の基礎用鉄骨などの製造も行っていたが、業務量の平準化には至らなかったそうだ。また、製糖分野への依存度の高さも、業界の動向次第ではリスクとなり得るという認識をもっていた。

こうした経営面の問題を解決するため、事業の柱を増やせないか検討していたところ、2010年に北海道の公的研究機関からあるオファーが来た。使用済みのハウス用ビニールやナガイモ用ネットなど、農業で使われた廃プラスチックを燃料とする、北海道ならではのバーナーをつくれないかというものだ。大規模農家の多い十勝地方にあり、機械製造の実績がある同社に白羽の矢が立ったそうだ。

しかし、廃プラスチックの燃料化は早々に頓《とん》挫《ざ》した。素材がさまざまで汚れも多いため、発熱量がなかなか安定しないうえ、排ガスに有害物質が含まれるといった問題があったからだ。代わりに燃料の候補となったのが、北海道で大量に発生する農業残渣だった。

社外から専門人材を招く

農業残渣がこれまで燃料として使われてこなかった理由は、大きく二つある。一つは、発熱量が一般的なバイオマス燃料である木質ペレットと比べて2～3割ほど低い点だ。このため着火後に燃焼炉内の温度が上がりにくく、燃焼の立ち上がりが安定しない。もう一つは、木質ペレットと比べて不燃性の鉱物質を5～10倍ほど多く含む点だ。既存のバイオマスバーナーで燃やすと、燃焼炉のなかにクリンカーと呼ばれる鉱物質の塊や大量の灰が発生し、燃焼を妨げるのだ。この２点が、同社にとっても実用化の壁となった。

そもそも、同社には金属加工技術を生かしたものづくりのノウハウはあっても、バーナーやバイオマス燃料に関する知識や経験は乏しかった。それがネックだと感じた同社は、専門的な知識をもつ人材を外部から呼び寄せることで開発を加速させようとした。そこで声をかけたのが、現社長の米田さんの親族である佐《さ》藤《とう》寿《とし》樹《き》さんだ。

㈱武田鉄工所の工場

佐藤さんは大学院修了後、製鉄会社にエンジニアとして入社したが、物質循環に強い関心をもっており、しばらくして会社を辞めて大学の博士課程に進学した。そこでバイオマスのエネルギー利用について学び、博士号取得後も大学で研究を続けていた。

バイオマスバーナーの話を聞いた佐藤さんは、研究を社会のために役立てる良い機会だと考えた。こうして佐藤さんは2014年に入社し、新しく設置された環境・循環エネルギー室の室長に就任した。

開発の責任者となった佐藤さんは、技術的な改善点をあぶり出すべく燃焼実験を繰り返した。すると、農業残渣を安定して燃焼させるには以下の３点が重要であるとわかった。

１点目が、燃焼の立ち上がりを安定させるための送風技術だ。発熱量の低さを補うために、燃焼炉内に酸素を送り込んで燃焼を促進する必要があったのだ。そこでふいご式の送風口を複数設け、大量の酸素を供給することで、燃焼炉の温度が下がらないようにした。

２点目が、燃焼を維持するための燃料投入技術だ。せっかく火がついても、新たに投入された燃料が火の上に覆いかぶさったり、送風口をふさいだりすると、火が消えてしまう。これを防ぐため、燃焼を妨げない位置に燃料が投下されるよう構造をつくり変えた。

３点目が、クリンカーや灰を除去するための回転炉技術だ。燃焼炉を固定すると炉にクリンカーがくっつき、どんどん大きくなってしまうのだ。そのため、燃焼炉を回転させることでクリンカーの付着や成長を抑えた。同時に、回転によって灰やクリンカーが自然と燃焼炉の外に出ていく仕組みにした。

この三つの技術を組み合わせることで、農業残渣用のバイオマスバーナーが完成した。2016年に公表したところ、2018年に中小企業庁の「はばたく中小企業・小規模事業者300社」と経済産業省の「地域未来牽引企業」に相次いで選ばれるなど、高い社会的評価を得ることができた。

小麦くずの利用でコスト問題を解決

技術力が評価された一方、実用化を目指す段階で新たな問題がみつかった。最初にバーナーを設置したキノコ工場で、廃菌床《はいきんしょう》を燃やして熱利用したところ、採算がとれるまで想像以上に時間がかかると判明したのだ。水分が多い廃菌床を安定して燃焼させるには乾燥の工程が必要となり、コストが高くなってしまうからだ。廃菌床以

小麦くず

外の農業残渣もいくつか試したが、燃料として使うには乾燥や固形化など何らかの処理が必要であり、やはり費用がかかってしまう。

技術が優れていても、コスト面も含めた実用性がなければ普及しない。途方に暮れる佐藤さんにとって天啓となったのは、近隣の農協から寄せられた小麦くずの活用というアイデアだった。

小麦は大型機械で収穫した後、乾燥作業を経て、農協が集約して一気に脱穀している。そのため、小麦くずなら収集して回る必要がなく、乾燥工程も要らない。しかも、燃焼試験をしたところ、事前に処理をしなくても、そのままで安定して燃えることがわかった。そこでコストを試算してみると、熱量当たりの単価が灯油に比べて10分の１以下と圧倒的に安かったのだ。暖房の燃料として利用すれば、設備費を含めても５年ほどで元がとれる計算だ。

こうして実用法を確立し、2020年には農協にバイオマスバーナーを販売することができた。農協では工場の補助暖房として活躍し、評判は上々だった。このことが複数の新聞に取り上げられ、興味をもった近隣の農家や工場から問い合わせが徐々に増えていったという。昨今の灯油価格の高騰でコスト面の競争力が一気に高まったこともあり、現在までに５台ほど納入している。

地域のサステナビリティを高める

日本全国で小麦は年間約100万ｔ収穫されている。このうち0.5％が小麦くずだと仮定すると、毎年およそ5,000t の小麦くずが発生している計算になる。これは灯油約200万ℓ分の発熱量に相当し、熱利用すれば年間5,000t ほどの二酸化炭素を削減できるという。同社のバイオマスバーナーの導入が進めば、これまで灯油を購入するために地域外に流出していたお金を地域内にとどめることもでき、地域の環境面、経済面のサステナビリティが高まっていく。これこそが、同社の目指す地域の姿だ。

農業残渣は小麦くずだけではない。バイオマスバーナーを普及させ、地域内の物質循環を促進するためには、小麦くずとは別の燃料を実用化することが求められている。そこで同社では、米のもみ殻や玉ねぎの皮などの燃料化に向けて実験を重ねている。

発生した熱の利用方法を拡大することも急務だ。現状では暖房としての利用が中心だが、暖房の稼働時期は１年の半分ほどに限られてしまい、採算がとれるまでに時間を要する。採算性を高めるため、例えば熱を乾燥に利用するなど、年間を通じて稼働できる方法の確立を目指している。また、燃焼時に灰が多く発生することは農業残渣を利用するうえでの弱点だが、そうした灰はミネラルを大量に含むため、土壌改良剤や融雪剤として活用することで、さらなる付加価値を生み出せないか検討しているそうだ。

開発時に直面した壁は実験回数を重ねることで越えられたが、普及させるための壁は同社の力だけでは越えられない。バイオマスバーナーを中心とした物質循環を実現するには、燃料の供給元である農家や農協、バーナーのユーザー、灰の活用先など、さまざまなステークホルダーを巻き込む仕組みが必要だからだ。物質循環のメリットを理解してもらい、協力者を増やすべく、日々奔走《ほんそう》している。

こうした物質循環の取り組みに前向きな人は、残念ながら決して多くはないという。必要性はある程度感じていても、初期投資の費用や運用時の手間の方に意識が向きがちだからだ。バイオマスバーナーを導入するハードルを下げるために、自治体にも仕組みづくりに関与してもらいたいと同社は考えている。農業残渣の種類や量、発生した熱の利用方法には大いに地域性があり、自治体の協力が得られれば、その場所に適した循環の流れをスムーズに構築でき、ステークホルダーの協力も得やすくなるからだ。

バイオマスバーナーの売り上げは、まだ同社全体の1割程度にすぎない。しかし、日本中で発生している農業残渣の量を考えると、バーナーが活躍できる余地は広い。全国各地に物質循環の仕組みができれば、農業残渣の活用、地域経済の活性化、脱炭素の推進など、多くの問題を解決できる。そのためにも、まず十勝地方で実績を積み、バイオマスバーナー事業を育てることが、同社の当面の目標だ。

事例４

卵の殻に無限の可能性を見いだす

企 業 名	株式会社 SAMURAI TRADING
代 表 者	櫻井 裕也（さくらい ゆうや）
創　　業	2017年
従業者数	５人
事業内容	卵殻を利用したプラスチック・紙製品の企画・開発
所 在 地	埼玉県桶川市若宮2-32-5 ヤマトビル１F

【脱炭素事業の歩み】

2017年	創業
	PLASHELL《プラシェル》（卵殻《らんかく》を使ったバイオマスプラスチック）を開発
2018年	PLASHELLが埼玉県主催「第８回渋沢栄一ビジネス大賞」奨励賞を受賞
2019年	CaMISHELL《カミシェル》（卵殻を使ったエコペーパー）を開発
	CaMISHELLが埼玉県主催「第９回渋沢栄一ビジネス大賞」大賞を受賞
	PLASHELLが一般財団法人品川ビジネスクラブ主催「第９回ビジネス創造コンテスト」奨励賞を受賞
2020年	CaMISHELLがイノベーションズアイ主催「革新ビジネスアワード2020」優秀賞を受賞
	一般社団法人さいしんコラボ産学官の「第５回通常総会」における会員企業表彰で優秀賞を受賞
2021年	Shellmine《シェルミン》（卵殻を使った複合素材）を開発
	九都県市首脳会議「令和３年九都県市のきらりと光る産業技術」で表彰
2022年	Shellmineが公益財団法人日本デザイン振興会主催「2022年度グッドデザイン賞」を受賞

廃棄される卵殻を活用

埼玉県桶川市の㈱ SAMURAI TRADING は、自社で開発した３種類の素材を使った製品の企画・開発を行っている。一つ目の素材は、ポリプロピレンなどのプラスチックを40％、微粉砕した卵殻《らんかく》を60％の割合で混ぜ合わせた、バイオマスプラスチックの「PLASHELL《プラシェル》」だ。自然由来原料である卵殻が51％以上含まれているため、可燃ごみとして廃棄可能だ。一般的なプラスチックを PLASHELL に置き換えれば、石油の使用量を削減できる。それでいて、成形のしやすさは通常のプラスチックと変わらない。こうしたメリットが評価され、食品トレーや卵のパックなどに採用されている。

二つ目の素材は、卵殻を混ぜたパルプを原料にしたエコペーパーの「CaMISHELL《カミシェル》」だ。卵殻の割合を10～50％の間で調整することで、名刺や封筒、段ボールなど多様な製品に使用することができる。同社の試算では、卵殻10％配合の CaMISHELL を使用することで、一般的な紙と比べて二酸化炭素などの温室効果ガス排出量を２割以上削減できるという。パルプの使用量も減らせるので、森林伐採の抑制にもつながる。また、使うパルプも、環境保全の観点から適切に管理された森林で生産されたものだけにしている。

三つ目の素材は、卵殻とパルプに補強剤を混ぜ、圧力を加えて混錬した複合素材の「Shellmine《シェルミン》」だ。これはヤマト化工㈱と共同開発したもので、主に食器に加工される。プラスチック食器の原料としてよく使われるメラミン樹脂よりも、耐熱性や耐久性で優れているそうだ。陶器のような質感や重量感でありながら、卵殻が原料の半

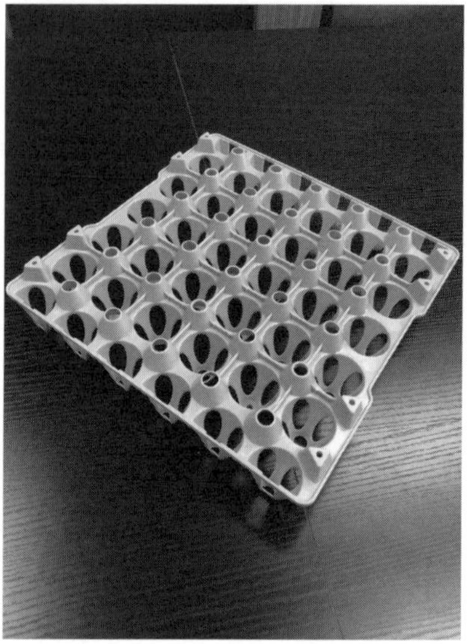

PLASHELLでつくられた卵トレー

分以上を占めるため、これも可燃ごみとして廃棄できる。「2022年度グッドデザイン賞」を受賞するなど、高い評価を受けている素材だ。

同社が取り扱っている素材に共通しているのは、卵殻が原料になっている点だ。卵殻は廃棄物として日々大量に排出されており、入手しやすい。本来であれば費用を払って処分するものであるため、石油やパルプと比べて非常に安く調達できるのが強みである。

卵殻を再利用するに当たっては、まず遠心分離を行い、付着している卵白をはがす必要がある。その後、乾燥させた卵殻を粗粉砕し、風力で比重分離することで卵殻膜を取り除く。こうして卵殻のみの状態としたうえで微粉砕し、パウダー状に加工してプラスチックやパルプなどと混ぜ合わせている。

卵殻処理用のプラントは、協力会社が製造・整備している。大量の卵を使う液卵メーカーなどがプラントを購入して設置し、そこでパウダー加工まで行われた卵殻を同社が買い取る方式だ。プラントは一式約3,000万円と安くはないが、卵殻の廃棄費用が浮くうえ、環境保護のアピールにもなり、長い目でみればメリットの方が大きい。現在は８カ所のプラントで１日に約15t の卵殻を処理している。

買い取った卵殻を製品に加工するのも、専門の協力会社に委託している。つまり、同社は製造設備をもたない、いわゆるファブレス企業なのだ。固定費を抑え、新たな素材の開発や、三つの素材を使った魅力的な製品の企画に専念することで、販路の拡大に努めている。

米国での気づきが創業のきっかけに

社長の櫻《さくら》井《い》裕《ゆう》也《や》さんはもともと食品会社を経営しており、飲食店向けのデザートをつくる際に大量の卵を使用していた。従って廃棄する卵殻も膨大な量であり、これを何とか活用できないかという問題意識をもっていた。試しに卵殻をパウダー化し、顧客である大手飲食チェーンが保有する農場で肥料として使ったり、地元のサッカー場でライン引き用の粉として使ったりしたものの、ビジネスとして成立するような活用方法はみつからなかった。

模索を続けるなか、2010年に視察で訪れた米国のスーパーマーケットで櫻井さんはあることに気づいた。それは、食品売り場の色合いが日本とは異なっている点だ。日本では石油由来プラスチックの白いトレーが主流だが、米国では当時すでに紙やバイオマスプラスチックのトレーが使われており、茶色がよく目についたそうだ。また、オーガニックという単語が盛んに用いられていることもわかった。米国では日本よりも早く環境保護の意識が高まっていたのだ。

櫻井さんはこれまで、米国の流通・小売業界での流行が数年遅れて日本に波及するパターンを何度もみてきた。そのため、日本でもこれからバイオマスプラスチックの普及や環境意識の高まりがみられるのではないかと考えた。卵殻を原料とするバイオマスプラスチックをつくることができれば、ビジネスとしても成立し得ると感じた櫻井さんだったが、食品会社を経営しつつ開発を進めるのは難しい。そこで思い切って食品会社の経営を先代社長の父親に任せ、2017年に同社を創業して、開発を本格的にスタートしたのだった。

開発は、石油由来プラスチックに卵殻を数%混ぜるところから始め、少しずつ割合を高めていった。当初は順調に進んでいたものの、卵殻の割合を高めるにつれ、プラスチックと混ざらず分離するという問題が生じた。ここで櫻井さんは、食品会社でデザートを製造していたとき、よく混ざるよう牛乳の脂肪球を砕いて大きさを均一にしていたことを思い出した。この技術を応用し、卵殻とプラスチックのサイズが均等になるよう攪拌《かくはん》することで解決したそうだ。卵殻をパウダー化する工程でも食品会社で大豆粉を製造していた際の技術が生かされている。こうして誕生したのがPLASHELLだ。

バイオマスプラスチックに占める自然由来原料の割合のことを、バイオマス度という。卵殻が60%含まれるPLASHELLのバイオマス度は60となるわけだが、この数値は数あるバイオマスプラスチックのなかでも高い部類に入る。これを、もともとプラスチック製造を専門としていたわけではない、食品会社出身の櫻井さんが開発できたのは一見意外なようにも感じられる。しかし、成功の背景には

CaMISHELL を使用した袋や箱

食品会社ならではの経験や発想があったというわけだ。櫻井さんは卵殻の用途を拡大するべく、PLASHELL 開発で培った攪拌と粉砕のノウハウを生かして、さらなる新素材の開発に取り組んだ。こうして、2019年にはエコペーパーの CaMISHELL、2021年には複合素材の Shellmine の開発にそれぞれ成功したのだ。

受賞を宣伝のてこに

櫻井さんが立て続けに新素材を開発できたのは、自社で製品を製造しない体制をとったからだ。このメリットは、開発に専念できることである。一方で、ある程度まとまった数量で発注しないと製造費が割高になってしまうデメリットもある。

PLASHELLを開発した当時の同社は、後者の問題に直面していた。創業間もないため知名度や信頼が足りず、思うように取引が増えなかったという。そこで櫻井さんは、まず世の中の注目を集めることが必要だと考え、埼玉県の「渋沢栄一ビジネス大賞」（現・彩の国SDGs技術賞）に応募した。すると、卵殻という身近な廃棄物を使って環境に優しい素材を開発した発想力や革新性が評価され、見事奨励賞を受賞したのだ。勢いに乗った櫻井さんは、2019年にCaMISHELLでも同賞に応募したところ、今度は大賞を受賞することができた。

これらの受賞が同社の成長にとって非常に大きなきっかけになったと櫻井さんは語る。２年連続の受賞が話題を呼び、新聞やテレビに取り上げられることが増え、宣伝費をかけずに知名度を高めることに成功したからだ。企業に呼ばれて講演をすることも増えた。こうして生まれたネットワークを生かし、トップと直接話すことで、新たな取引が増え、他社との連携も深まっていった。

他社との連携が実を結んだ例の一つが、「エコ玉プロジェクト」である。埼玉県内に事業所をもつ２社と組み、埼玉県が後援となって2019年に立ち上げた。脱炭素をはじめとするSDGsの啓発を協力して行い、理念に賛同する多数の企業や金融機関に同社の素材を売り込むことで、卵殻の再利用先が大きく広がった。

同プロジェクトでは、フィリピンの津波被災地にマングローブを植林する活動をカネパッケージ㈱と共同で行っている。津波被災地への植林には、二酸化炭素の吸収に加え、将来の津波被害を抑える効果もあるそうだ。吸収された二酸化炭素は、製品の製造、運搬、焼却時に排出される二酸化炭素と相殺し、実質的な環境負荷をさら

Shellmineでつくられた食器

に減らすことができる。今後も植林を進め、2030年には同社の素材を用いることによる二酸化炭素排出量を実質ゼロにする予定だ。

大手企業相手でも風下に立たず

櫻井さんを含めて従業者数が５人の同社からみると、協力会社や取引先企業は規模の大きい相手ばかりである。ここで問題となるのが、規模の差から生じる企業間の力関係だ。企業との交渉では、櫻井さんの考えにそぐわない要望をされることも少なくない。一例が、自社から出る卵殻のみを使用した商品をつくってほしいというものだ。櫻井さんは毎回この要望を断っている。環境保護や脱炭素は一社だけの問題ではなく、業界全体で取り組む意識が重要だと考えているためだ。また、卵殻の買い取りだけの取引も行わない。廃棄物処理の会社ではない、というポリシーがあるからだ。名刺、封筒、ノベルティなどに、自社で出た卵殻を一定量再利用し、環境問題に対してともに取り組んでくれる相手とだけ取引するようにしている。

こうした姿勢は、相手が大手企業であっても変わることはない。小さな企業だからといって自分たちが風下に立つつもりはない、と櫻井さんは力強く語ってくれた。

脱炭素ビジネスに吹く追い風

櫻井さんが脱炭素ビジネスに取り組むなかで強く感じるのは、1990年代中盤以降に生まれたZ世代と呼ばれる若年層における、脱炭素への関心の強さだ。若い人ほど脱炭素に対する企業の取り組みや認識に注目しているため、将来的には脱炭素に取り組まないこと自体が経営リスクになり得る。これは裏を返せば、脱炭素ビジネスに強い追い風が吹いているともいえる。この風に乗り、今度は家庭廃油の再利用や、衣類の流通時に発生していたプラスチックごみのリサイクルを事業化すべく、櫻井さんは進み続けている。

地球温暖化を食い止めるために、また拡大する市場のなかでチャンスをつかむためにも、脱炭素ビジネスにはスピード感が求められる。2017年の創業以来、商機を逃さず矢継ぎ早に事業を展開してきた櫻井さんの姿勢は、脱炭素ビジネスへの参入を検討する中小企業にとって一つのロールモデルになり得るだろう。

事例５

サーマルリサイクルの推進に貢献

企 業 名：株式会社関商店

代 表 者：吉田　潤（よしだ じゅん）

創　　業：1939年

従業者数：150人

事業内容：RPF（Refuse Paper and Plastic Fuel＝古紙・廃プラスチック由来固形燃料）の製造

所 在 地：茨城県古河市北利根14-1

【脱炭素事業の歩み】

1939 年	前社長（関勝四郎さん）の母が創業
1979 年	埼玉県久喜市で法人設立
1986 年	前社長が RPF の開発を開始
1990 年	RPF 製造プラントが完成
1991 年	群馬県館林市の RPF 工場が稼働開始
2000 年	茨城県古河市に茨城工場建設
2004 年	茨城工場に 2 号棟増設
2011 年	現社長の吉田潤さんが入社
2018 年	吉田さんが社長に就任
2021 年	本社機能を茨城工場に移転

石炭・コークスの代替燃料

茨城県古河市に本社・茨城工場を構える㈱関商店は、RPF（Refuse Paper and Plastic Fuel＝古紙・廃プラスチック由来固形燃料）と呼ばれる石炭やコークスの代替燃料を製造している。茨城工場のほかに群馬県館林市などにも工場等を有しており、合計生産量は年間約８万ｔと、全国でも最大規模のRPF製造業者である。同社が製造するRPFには、１kg当たりの発熱量が石炭相当の約6,000kcalと、コークス相当の約8,000kcalの２種類がある。形状は直径8〜35mmのペレット状で、製紙会社などのボイラー燃料として石炭やコークスに混ぜて使われている。化石燃料と同等の発熱量でありながら、価格はかなり安く、二酸化炭素排出量は石炭に比べて約３割の削減が可能だという。

RPFの原料となるのは紙、布、プラスチック、木材などで、関東一円の1,000社以上から産業廃棄物として受け入れている。紙は再生紙としてのリサイクル率が高いが、なかにはプラスチック成分でコーティングされたラミネート紙のように、再生紙の原料としては向かないものもある。紙成分とプラスチック成分の両方を含むこうした素材こそ、実はRPFに適しているのだ。

RPFを燃料として使用するには、燃焼時の発熱量を調節する必要がある。紙よりプラスチックの方が発熱量は大きいが、使用する原料によってプラスチック成分の割合は異なるうえ、プラスチックでも素材によって発熱量が違う。また、燃焼時にボイラーを損傷させる原因となる塩素の含有量もまちまちだ。そのため、工場に運び

ペレット状の RPF

込まれた原料は、適切な発熱量と塩素含有量になるようそれぞれの配分を調整して攪拌《かくはん》されたのちに破砕される。その後は磁力や風力で金属成分を除去し、圧力をかけてペレット状に成形して、RPF が完成する。

この工程のなかで非常に大切なのが攪拌だ。原料にむらがあると、製品の発熱量にもむらが生じるため、安定した燃焼ができなくなるからだ。また、ペレット状にうまく成形できるかどうかも、配合と攪拌の妙によるところが大きいという。

廃棄物から熱エネルギーを回収することを、サーマルリサイクルと呼ぶ。RPF によってサーマルリサイクルを効率的に行うことで、原料が焼却や埋め立て処理された場合と比べて、エネルギーを有効に回収でき、最終処分場の残余容量を増やす効果もあるのだ。

新型ボイラーの普及が後押し

同社のRPF製造プラントを開発したのは、前社長の関勝四郎さんだ。開発を始めたのは1986年のことだった。同社では当時、古紙やプラスチックを回収していたが、プラスチック成分を含む紙は再生紙としての利用が難しかった。また、プラスチックは焼却すると有害物質が発生したり、一時的に高温になって焼却炉を傷めたりすることもあって、埋め立て処分される場合が多かったという。こうした古紙やプラスチックを燃料化すれば、資源の有効利用につながるのではないかと考えたのが、開発のきっかけだった。

燃焼時に高温になるのは、プラスチックの発熱量が大きすぎるためだ。ならば、発熱量が低い古紙を混ぜて、石炭やコークスと発熱量を同等にすれば、既存のボイラーで使えるのではないか。そうした発想のもと、古紙とプラスチックの配合比率を変えながら実験を繰り返した。すると、安定して燃焼させるには原料を十分に細かくして均等になるよう混ぜる必要があること、石炭やコークスに近い大きさのペレット状にすると使いやすいことなどがわかってきた。

開発時の最大の難関が、塩素含有量のコントロールだ。化学的に塩素を取り除くことは不可能ではないが、膨大なコストがかかる。そこで、原料の塩素含有量を計測し、適切な範囲に収まるよう配合することにした。ペレット状に成形する機械は、ドイツへの海外視察に参加した際に見たドッグフード製造装置にヒントを得て設計を進めた。こうして1990年にRPF製造プラントが完成し、1991年に新設した工場で本格的な生産をスタートした。

社屋前に飾られている成形機の部品

ただ、当初は販売に苦労したという。国内で類似の燃料を製造する産業廃棄物処理業者は少なく、RPF はほとんど知られていなかった。また、プラスチックを燃やすと有害だという印象が強く、実際に燃焼後の排ガスから有害成分を取り除く装置が当時はあまり普及していなかった。そこで、まず安価なサンプルを提供して燃焼試験をしてもらい、問題がない場合には正式に取引を開始するという方法で、徐々に販売先を増やしていった。転機が訪れたのは1990年代後半、製紙工場に排ガス処理能力の高い新型ボイラーが導入され始めてからだ。新型ボイラーの普及が進み、RPF の需要が高まっていくのに合わせて、新たな工場を建設して生産設備を増強していった。

この間、RPF を製造する同業者は増えていった。同社では製法の特許を取得していたが、誰でも使えるよう公開していたという。もともと資源の有効利用を目的とした製品であり、原料や製品の輸送コストを考えると、一社で独占するより全国各地に製造プラントができる方が社会にとって望ましいと考えたからだ。また、同社は一般社団法人日本RPF工業会の設立と運営にもかかわっている。工業会では経済産業省や環境省と連絡をとりながらRPFのJIS規格の制定を行うとともに、RPFの地位向上のための活動にも参加している。

一方、RPFの生産量が増えるにつれて、原料の調達量を増やす必要に迫られていった。ただし、廃棄物の汚れがひどかったり、混入物が多かったりすると、RPFの品質が低下するだけではなく、製造時に悪臭が発生して近隣に迷惑をかけてしまう。そこで、原料供給元に分別を徹底するよう依頼し、それが不完全である場合には処理を行わないことにした。家庭ごみの原料化にもチャレンジしたが、汚れや異物混入の問題が解決できなかったため、現在は一部を受け入れる程度にとどまっている。

安定供給に向けて

現在社長を務める吉《よし》田《だ》潤《じゅん》さんは、前社長の娘婿に当たる。テレビ局で営業の仕事をしていたところを誘われて2011年に入社した。入社後は工場で製造工程を勉強し、2012年から副工場長として現場を管理した。2018年に前社長が急逝したことで、社長を引き継いだ。

RPFの製造方法そのものは、約30年前の開発当時とほとんど変わらない。まずサンプルを提供して燃焼試験をしてもらう営業スタイルも同じである。ただ、社長の交代を機に変えた点もある。まず、工場や製造設備のセンサーやカメラでの監視を充実させた。原料も製品も可燃物であり、万一の火災に備えるためである。監視強化により、機械の不具合が起こる前に予兆をつかんでメンテナンスを行うことも可能になった。また、一つの工程がストップしただけで設備全体が使えなくなる状況を避けるため、機械の交換用部品の予備も増やしている。コストはかかったが、RPF販売先への供給と、運び込まれる廃棄物処理の安定化を優先させたのだ。

脱炭素に向けたRPFの課題

ここ数年で脱炭素に向けた社会の意識は変わったと吉田さんは語る。特に、2020年にわが国で「2050年までの脱炭素社会の実現」が宣言されたのを機に、社会が大きく転換したと肌で感じたそうだ。それまでも石炭の使用量を減らそうという動きはたびたびあったものの、いずれも散発的なものにとどまっていた。だが、今回の動きはこれまでと異なり、不可逆的なものになると吉田さんはみている。

こうした脱炭素の潮流は、RPFの需要を押し上げた。また、近年は石炭価格が高騰しているため、価格競争力もこれまでになく高まっている。そのため、脱炭素化やコスト削減が期待できるRPFを使いたいと、幅広い業界の企業から問い合わせが相次いでいるそうだ。

㈱関商店の茨城工場

目下の悩みは、需要の高まりに対し、RPF 供給が追いついていない点だ。供給量を増やすには二つの問題がある。一つ目は、原料確保の難しさだ。環境意識の高まりや、2022年４月に施行された「プラスチックに係る資源循環の促進等に関する法律」の影響で、紙やプラスチックの廃棄量が減少しているからだ。今後も安定して原料を確保していくため、家庭ごみの受け入れを再び検討するのも一手だが、汚れや異物混入のリスクを低減するには各家庭にごみの洗浄や分別を浸透させる必要がある。これは同社だけでは難しく、自治体と連携して中長期的に取り組まなければならない。

二つ目は、設備増強のハードルの高さだ。廃棄物処理施設であるため、工場を新設する場合には書類の作成や自治体との折衝に時間を要するうえ、近隣住民の同意も必要になる。こうした負担を考え、これまで工場の新設や増設には二の足を踏んでいたが、昨今の需要の高まりや脱炭素の潮流を勘案すると、設備増強も選択肢に入ると吉田さんは考えている。

これらの問題を解決するうえで重要なのが、RPFの知名度向上だ。産業界での認知は進んでいる一方、社会に広く認知されているとまでは言い難いためだ。有害物質が出ないよう加工しているものの、プラスチックを燃やすことに抵抗を感じる人も依然として多い。RPFのメリットを正しく知ってもらい、社会に受け入れられるためには、ステークホルダーを巻き込んだ発信力の強化が求められる。

供給量の増加という目下の課題に加え、RPFの市場縮小という長期的なリスクにも対応しなければならない。製品にはライフサイクルが存在しており、RPFも例外ではないからだ。プラスチックの使用規制や、プラスチックを化学的に分解して原料として再生するケミカルリサイクルの実用化が進めば、将来的にRPFはなくなるかもしれない。しかし、吉田さんはその時を座して待つつもりはない。前社長の「愚直に良いものをつくる」精神を受け継いで、RPFのプレゼンスを高めて寿命を少しでも伸ばそうと、丁寧なものづくりを心がけている。

RPFの将来は悲観的なものばかりではない。輸送や処理の過程でのエネルギー消費を考えると、RPFによるサーマルリサイクルの方が、ケミカルリサイクルより二酸化炭素排出量が少ない可能性もあるという。より環境負荷を低減するため、原料の多様化や物流の見直しを進めるとともに、社会的なリサイクルの仕組みにRPFが組み込まれるよう、同社は今後もRPFの地位向上に取り組んでいく。

事例 6

技術と発想で次世代自動車の普及を支える

企業名：株式会社 FJ コンポジット
代表者：津島 栄樹（つしま えいき）
創業：2002年
従業者数：35人
事業内容：各種複合材料を用いた次世代自動車部品等の開発・製造
所在地：北海道千歳市柏台南2-2-3

【脱炭素事業の歩み】

2002年　創業

燃料電池セパレータを開発

2008年　ヒートシンクを開発

2014年　セラミックス絶縁回路基板を開発

公益財団法人りそな中小企業振興財団・㈱日刊工業新聞社主催「第24回中小企業優秀新技術・新製品賞」優秀賞を受賞

2015年　静岡県富士市から北海道千歳市に移転

経済産業省・国土交通省・厚生労働省・文部科学省主催「第6回ものづくり日本大賞」特別賞を受賞

2017年　米国支社を設立

公益社団法人発明協会主催「平成29年度北海道地方発明表彰」文部科学大臣賞を受賞

2019年　第2工場設立

2022年　第3工場設立

次世代自動車の核となる三つの主力製品

北海道千歳市に本社を構える㈱FJコンポジットは、脱炭素の流れを受けて急成長している企業だ。同社は高度な技術と独自の発想を生かし、いまや次世代自動車に欠かせない三つの製品を開発した。

一つ目は、燃料電池に使われるセパレータだ。一般に、燃料電池は水素と酸素の化学反応によって電気を発生させているが、セルと呼ばれる小さな電池一つだけでは自動車を動かすほどの電圧は生み出せない。そのため、セルを大量に積み重ねて発電しているのだ。同社のセパレータは、このセルとセルの間に挟み込まれ、気体を遮断する役割を担っている。車1台につき約800枚も使われる、重要な部品なのだ。気体の透過を防ぐだけでなく、酸やアルカリへの耐食性、電気を効率良く流す導電性など、厳しい条件が求められる。

二つ目は、半導体から発生する熱を逃がすヒートシンクだ。半導体は電気を流すと発熱するが、高温になりすぎると性能が低下して故障のリスクも高まる。電圧の変換や周波数の制御に用いられるパワー半導体や、高出力の電波を扱う送受信機用の半導体は、特に発熱量が多いため、熱伝導率の高い材料でつくられたヒートシンクを取り付けて放熱する必要があるのだ。同社のヒートシンクは独自の構造で放熱効率を高めており、電気自動車や携帯電話の基地局などの電子回路に組み込まれている。

三つ目は、熱に強いセラミックス絶縁回路基板だ。板状のセラミックスの表面に銅で回路を形成したもので、これも電気自動車の動力を制御するパワー半導体を実装する基板などに採用されている。

勤務時の研究を生かして燃料電池セパレータを開発

社長の津島《つしま》栄樹《えいき》さんは大学院修了後に石油精製会社へ入社し、石油精製時の副産物からつくられる炭素繊維や、炭素と樹脂を組み合わせた複合材料（コンポジット）に関する研究に約10年携わった。炭素繊維は熱伝導率が高いため、半導体のヒートシンクに向いていると考えて実用化を目指したが、開発に時間を要し、売り上げが上がらない状況が続いていたとき、突然研究の中止が言い渡された。

積み重ねてきた研究を無駄にしたくないと考えた津島さんが、石油精製会社の事業所があった静岡県で2002年に創業したのが同社だ。社名には、富士（FuJi）市にあるコンポジットの会社という意味が込められている。ただ、ヒートシンクの開発を続けるには高額な装置が必要であり、創業時の同社には負担が大きかった。そこで、初期投資を抑えつつ開発できそうなものとして目をつけたのが、当時注目を集めていた燃料電池車用のセパレータだった。

従来のセパレータは、腐食による劣化を防ぐため、耐食性の高いチタンにさらに金メッキを施しており、重いうえ高価であった。そこで津島さんは今までの研究を生かして、フェノールのような熱硬化性樹脂と炭素の複合材料を使い、軽量化と低価格化を目指した。樹脂で気体の透過を防ぎ、炭素で耐食性や導電性を高める仕組みだ。

一方、この複合材料には別の問題があった。成型時にプレス機で圧縮と加熱を同時に行うのだが、１枚の成型に10分ほどかかり、効率が悪いのだ。これでは材料が安価であっても、製造コストを加味すると１枚当たりの原価が高くなってしまう。そこで津島さんが

燃料電池セパレータ

考案したのが、常温かつ短時間で圧縮成型した半製品を大型炉に移し、大量に加熱硬化させる方法だった。これによって製造ラインのうち最も高価なプレス機の稼働効率を高め、当初の10分の１以下の価格に抑えることに成功したのだ。

時代の先を見据えた製品を次々と発案

燃料電池セパレータは画期的な発明と評価され、同社の名は一気に広まったが、売り上げは伸び悩んだ。当時燃料電池車はまだ開発段階で、量産されていなかったからだ。そこで打った次の一手が、勤務時からの悲願だった半導体用ヒートシンクの開発だ。半導体は技術が進むほど小型化し、体積当たりの発熱量が大きくなるため、高性能なヒートシンクの需要も今後高まると津島さんは確信していた。なかでも有望視していたのが、携帯電話の基地局で使われる半導体を冷却するためのヒートシンクだった。通信システムの進化に合わせて性能向上が求められる基地局には、最先端の半導体が搭載されるからだ。同社の将来性を評価するベンチャーキャピタルからの資金調達にも成功し、2006年にヒートシンクの開発を再開した。

基本的に、ヒートシンクは金属製が多い。特に注目されていたのが、熱伝導率の高い銅で熱膨張率の低いモリブデンというレアメタルを挟む３層構造の製品だ。この組み合わせは高温でも膨張せず、放熱性能も優れている。だが、加工後の品質が安定せず、精密さが求められる半導体用ヒートシンクには使いにくいという課題があった。モリブデンと銅の接合には、接合面の原子同士を近づけて結合させる拡散接合という技術が用いられる。それぞれの薄板を重ねてロール圧延機で高い圧力を加えて接合させるのだが、どうしても厚さが不均一になったり、表面が波打ったりしてしまうのだ。

このことを知っていた津島さんは、熱伝導率の高い炭素を含む複合材料ならば、品質が安定した半導体用ヒートシンクがつくれると考えていたのだ。すると、開発途中で偶然ある発見をした。真空かつ高温の状態で炭素とステンレスに圧力をかけると、従来よりもかなり低い圧力で拡散接合したのだ。その後、条件を変えて何度も実験し、高温低圧プレス拡散接合として技術を確立したのである。

この技術は炭素だけでなく、金属同士でも利用できた。そこで、津島さんはこれまで研究してきた炭素から、モリブデンと銅に素材を変更することを決意した。拡散接合技術を生かして開発したの

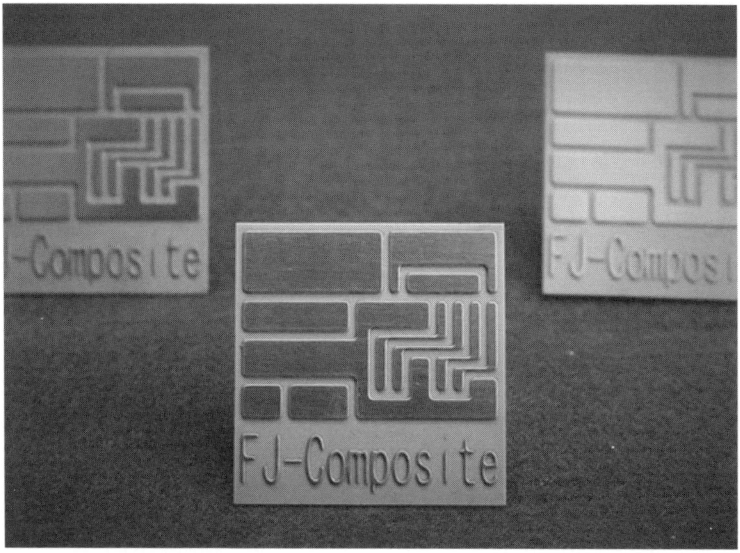

セラミックス絶縁回路基板

が、モリブデンと銅を交互に重ねた５層構造のヒートシンクだ。従来主流だった３層構造と比べ、品質が安定しただけでなく、高価なモリブデンの使用量が半分以下に減り、低価格化にも成功した。

こうして2008年にヒートシンクを発売した同社だったが、これも燃料電池セパレータと同様、大きな受注は入らなかった。当時は基地局に使われる半導体の発熱量が比較的小さく、性能が過剰だったためだ。同社の技術や発想に、社会がまだ追いついていなかったのである。しかし、開発中に確立した新たな拡散接合技術は次の製品開発につながった。それが、セラミックス絶縁回路基板だ。

電子回路は、セラミックスのような絶縁体上に金属で回路を形成してできた基板に、半導体をはじめとする部品を実装してつくられている。半導体が発熱するとその熱が伝わるため、基板にも耐熱性が求められるのだが、従来の製品にはある弱点があった。それは、セラミックスと金属の接合部分だ。接着剤やはんだによって接合していたため、半導体の発熱量が増大するにつれて強度が低下し、金属がはがれてしまうことがあった。そこで津島さんは拡散接合の技術を利用し、従来品よりも耐熱性を大きく高めたセラミックス絶縁回路基板を2014年に開発したのである。

5Gや電気自動車の普及でビジネスチャンスが到来

時を同じくして、発熱量の大きい半導体を使う４Ｇ基地局が普及し始め、ヒートシンクの受注が徐々に入るようになった。風向きの変化を感じとった津島さんは、2015年に本社を富士市から北海道千歳市に移した。そこでヒートシンクの生産能力を倍に引き上げ、セラミックス絶縁回路基板の量産体制も整えた。受注が増えなければ会社が傾きかねない、大きな賭けだったが、４Ｇよりも発熱量の大きい半導体が必要な５Ｇ基地局の整備が進み始めると、津島さんの読みどおり同社のヒートシンクが次々と採用されたのである。あらかじめ量産体制を構築していたので、受注の増加にもすぐ対応できた。

同社にとってより大きな環境の変化が、各国で打ち出された内燃機関車の規制だ。これにより電気自動車への移行が加速し、セラミックス絶縁回路基板の需要が急増した。ヒートシンクを電気自動車のパワー半導体用に使いたいという、開発時に想定していなかった相談も来るようになった。実際、米国の自動車メーカーに採用され、2022年には同社のヒートシンクを使った電気自動車の販売が開始された。燃料電池セパレータも、今では水素インフラの整備が進む欧州や中国の自動車メーカーから受注が来ている。

独自の着眼点が発想の源泉

画期的な製品を生み出すこつを津島さんに尋ねたところ、開発は「とんち」のようなものだと語ってくれた。正攻法で考えて答えが出ないことでも、目線を変えるとうまくいくという。これを象徴するエピソードがある。顧客からヒートシンクの厚さの誤差を7.5μm以内に抑えるよう依頼されたときのことだ。素材の金属板には厚さの誤差が最大で１枚約10μmもあり、これを５枚重ねることを考えると、とても実現できそうにない。１枚ずつ磨いて誤差をなくすのが正攻法だが、それには膨大なコストがかかる。これに対し、津島さんは素材それぞれの誤差を測定し、厚すぎるものと薄すぎるものを組み合わせて要望に応えたのだ。

多くの人は100点満点を求めて正攻法にこだわってしまうため、こうした単純な発想がかえって出てこないという。最初から満点ではなく80点を目指し、さまざまな角度で考え続けたからこそ、磨くよりも安く、結果としてより精度の高い方法を編み出せたのだ。

津島さんが研究開発を担う分、同社の従業員は製造工程の改善に力を注いでいる。工場は多くの工程で自動化が進み、24時間体制で稼働している。自動化の推進は津島さんが指示したわけではなく、従業員が自発的に考え、必要な機械を調べて提案してきたという。

同社の従業員の大半は高校卒で、普通科の出身が多い。必ずしも

製造工程は自動化が進む

入社時点でものづくりの知識や経験があったわけではないが、意欲の高さや適性をみて採用した結果、会社のために何ができるかを考える自律的な人材が育った。今後は製造面だけでなく、開発を担える人材も育成していきたいと津島さんは語る。

次世代自動車の部品サプライヤーとして注目を集める同社だが、安穏としてはいられない。脱炭素を目指すうえで次世代自動車が果たす役割は大きく、成長産業であるのは間違いないが、規制や規格をめぐって激しい綱引きが行われており、市場の将来像が不透明だからだ。すでに新製品の案はいくつもあるが、業界情報を収集しつつ次に投入する製品を見極めているという。資金と人材も限られるため、一足飛びというわけにはなかなかいかない。それでも、世界的なサプライヤーを目指し、同社は着実に前進している。

事例7

農業で地球を冷やす仕組みをつくる

企 業 名：一般社団法人日本クルベジ協会
代 表 者：柴田　晃（しばた あきら）
創　　業：2015年
従業者数：3人
事業内容：バイオ炭を用いた農地炭素貯留の促進
所 在 地：大阪府茨木市下穂積2-8-13-211

【脱炭素事業の歩み】

2015年	設立
2019年	「持続可能な農業のための気候変動対応技術・農法の導入・拡大に関する国際ワークショップ」において農林水産省が日本クルベジ協会の事例を紹介
2020年	バイオ炭による農地炭素貯留がJ-クレジット制度の対象（方法論AG-004）として認められる
2022年	農地炭素貯留による二酸化炭素削減量247tが初めてJ-クレジットとして認証される

バイオ炭《たん》を農地に埋めて二酸化炭素を減らす

大阪府茨木市の一般社団法人日本クルベジ協会は、協会名にもある「クルベジ」の普及活動に取り組んでいる。クルベジは、同協会の代表理事で、立命館大学の客員教授でもある柴《しば》田《た》晃《あきら》さんが、バイオ炭を埋めた農地でつくられた農作物に名付けたブランド名だ。これはクールベジタブルを略したもので、クールには「かっこいい」と「(地球を) 冷やす」の二つの意味が込められているという。

バイオ炭とは、竹や間伐材、米のもみ殻のような農業残《ざん》渣《さ》などのバイオマスを低酸素下かつ350℃以上の温度で加熱し、炭にしたものだ。柴田さんによると、このバイオ炭を農地に埋めることで脱炭素を促進できるというのだが、それはなぜなのだろうか。この理由を知るためには、植物と二酸化炭素の関係を理解する必要がある。

植物は生育時に、根から吸い上げた水と大気中から吸収した二酸化炭素を原料として光合成を行い、酸素と糖をつくり出している。生成された酸素は大気中に放出され、糖は養分として植物内に蓄積される。この作用によって、植物は大気中の二酸化炭素を減らすことに貢献しているのだ。ただし、植物が燃やされたり、枯れて微生物によって分解されたりする際には、光合成とは逆向きの反応が起きる。つまり、植物のなかで糖として蓄積されていた炭素が酸素と結合し、水と二酸化炭素になるのである。ということは、植物が生育中に吸収した二酸化炭素は、焼却や発酵などによって再び大気中に放出されるので、長い目でみれば二酸化炭素の総量は変わらない。これが、いわゆるカーボンニュートラルという状態である。

クルベジブランドの野菜

バイオ炭の原料であるバイオマスは使い道のないものが多く、従来は焼却処分されたり、腐敗により自然分解されたりしていた。ただ、それだとせっかく吸収されていた二酸化炭素がまた放出されてしまう。これを防ぐ手段が炭化だ。植物を炭にすると炭素が結晶化し、酸素と結合しにくくなるため、二酸化炭素の発生を抑えられる。これを埋めれば、炭素を安定した状態で長期間地中に貯留できる。その期間は最低でも数百年、長ければ数千年にもなるそうだ。

回収や貯留によって二酸化炭素の総量を減らす、つまりカーボンマイナスを実現する方法をCCS（Carbon dioxide Capture and Storage）という。脱炭素の切り札として研究が進んでいるが、まだ発展途上の手法が多い。そのなかで、バイオ炭による農地炭素貯留はCCSの実用的かつ簡便な手法として世界的に注目されている。

農地に埋めることにも、実は大きな意味がある。炭には多数の小さな孔《あな》が開いているため、地中に埋めることで保水性、透水性、保肥性を発揮するうえ、有用な微生物のすみかにもなるなど、土壌の性質を農作物の生育に適したものに変えられるからだ。また、炭はアルカリ性なので、降雨で酸性に傾いた土壌を改善できる。

このように、バイオ炭を農地に埋めることで、二酸化炭素を減らしながら農地の改良もでき、しかもそれまで使い道のなかったバイオマスに価値が生まれる。そうした農地で生産されたクルベジの販売量が増えれば、バイオ炭の活用がより進み、二酸化炭素をさらに減らすことができる。この好循環を生み出すべく、クルベジの生産と消費の双方を促進する活動をしているのが同協会なのである。

バイオ炭の可能性を追求するため大学教授に転身

代表理事の柴田さんは大学を卒業後、製薬会社に就職し、木材に熱を加えて薬効成分を取り出す研究に携わった。木材から成分を抽出した後は、残りかすとして炭が発生する。この炭の処理が勤務先で課題となっており、活用法をずっと考えていたという。木材に長年かかわったことで林業にも関心が芽生えた柴田さんは、林業と農業を組み合わせた地域開発について学ぶため、勤務しながら大学院に入った。そのときにバイオ炭による農地炭素貯留を知ったそうだ。

その後柴田さんは製薬会社を辞め、2008年から立命館大学で農地炭素貯留の研究を本格化させた。クルベジのブランドをつくり、自治体と組んで実証実験を始めたのもこのころだ。また、2009年に設立した日本バイオ炭普及会では、事務局長として活動の中心的役割を担った。このようにバイオ炭やクルベジの普及に尽力してきた柴田さんだったが、その道のりは順風満帆とはいかなかったそうだ。

J-クレジット制度の活用でコスト問題を解決

バイオ炭の普及が進まない理由は、コスト面にあった。例えばもみ殻炭の場合、価格は1kg当たり約200円だが、これだとほかの土壌改良材を使う方が安く済む。

コストがかさむならば、その分農作物が高い価格でたくさん売れればよい。そう考えた柴田さんは、ブランディングによって収益性を高めようとした。こうして生まれたのが、クルベジというブランドだった。商標登録を行い、「食べるだけでエコ」のキャッチコピーとともに農作物を売り出したものの、この戦略は思ったとおりにはいかなかった。小売店や飲食店、消費者が農作物を選ぶ際の判断基準は、価格、鮮度、産地などであり、二酸化炭素を削減している点を重視する人は残念ながら少なかったからだ。また、ブランドの知名度を高めようにも、大々的に宣伝するための資金がなかった。

そこで柴田さんは、2013年に始まった温室効果ガスの排出削減・吸収量を国が認証する「J-クレジット制度」に目をつけた。この制度で認証されたクレジットは、企業や自治体に販売できる。地中に貯留した二酸化炭素をクレジットとして売却すれば、その利益でコストを相殺でき、利益を出すこともできるのではと考えたのだ。

ただ、当時はバイオ炭による農地炭素貯留がJ-クレジット制度の対象には認められていなかった。バイオ炭の規格や二酸化炭素貯留量の算定方法、申請体制など、審査の前提となる条件が整っていなかったからだ。そこで環境整備のため2015年に柴田さんが立ち上げたのが日本クルベジ協会だ。設立後、日本バイオ炭普及会とともに行ったのがバイオ炭の規格制定である。製炭時は350℃以上で焼成すること、原料は国内産であることなど、農地で安全に活用でき、二酸化炭素貯留量が適切に算出できるよう、明確な基準を定めた。

次に着手したのが、製炭からクレジット申請までの流れの整備だ。日本バイオ炭普及会と連携し、次のような流れを構築した。まず、全国の製炭業者がつくったバイオ炭を普及会が検査・確認し、問題がなければ品質証明書を発行する。品質証明書付きのバイオ炭を購入した農家や農業法人は、協会がつくる「炭貯《たんちょ》クラブ」に参加し、農地に埋めた量を報告する。協会は炭貯クラブ全体の二酸化炭素貯留量を取りまとめてJ-クレジット事務局に申請する。認証されたクレジットは協会を通じて販売し、利益を炭貯クラブの参加者に按分する、という流れだ。J-クレジット事務局は審査しやすくなり、農家や農業団体は煩雑な申請手続きを協会に任せられる。農地炭素貯留を脱炭素ビジネスとして成り立たせる、合理的なスキームである。

こうして、2020年に晴れてバイオ炭による農地炭素貯留がJ-クレジット制度の対象として認められた。ただし、それまで認証を受けていた案件は省エネルギーや再生可能エネルギーに関わるものが多く、バイオ炭にかかわる案件は認証実績がなかった。そこで柴田さんは、専門知識やノウハウが不足するJ-クレジット事務局に対し、情報提供や細かい調整を繰り返した。この努力が実り、2022年に日本で初めてバイオ炭によるクレジット認証を勝ち取った。

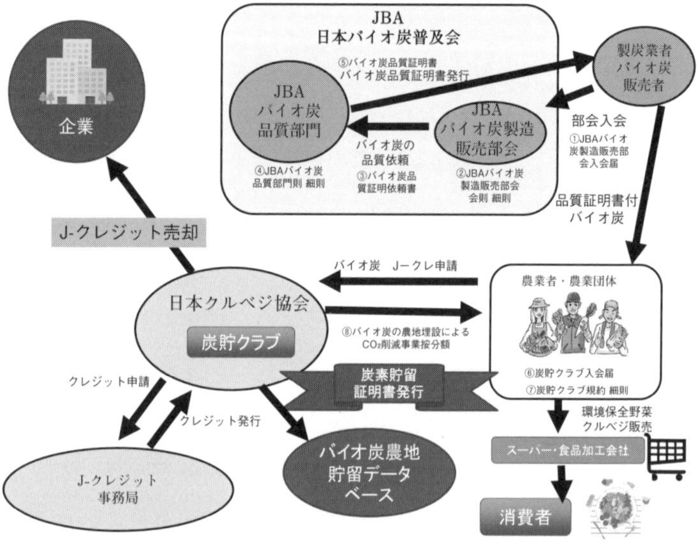

クルベジのビジネスモデル（提供：一般社団法人日本クルベジ協会）

初回のクレジット化では、炭貯クラブに11の個人や団体が参加し、二酸化炭素247tの貯留が認証された。クレジットは総合商社と代理店契約を締結して販売している。現在は２回目の申請に向けて準備も進めており、すでに初回の参加者数を上回る見込みだ。

大学と協力してプラットフォームの構築を目指す

J-クレジット制度に認証されたことで、コスト面の問題解決に少しずつ光が差し始めたところではあるが、農地炭素貯留の普及にはまだ課題が山積している。なかでも次の三つが大きな課題だそうだ。

一つ目は、製炭業者の不足だ。輸送時のコストやエネルギー消費を考えると、製炭業者が全国に広がり、バイオ炭を地産地消できるようになるのが望ましい。興味をもつ事業者は少しずつ増えているそうだが、製炭には高価な機械が必要となるため、参入に二の足を踏むケースが多いという。製炭業者を増やすには、自治体や金融機関のサポートが欠かせないと柴田さんは語る。

二つ目は、クレジットの需要不足だ。脱炭素に対する企業の意識は欧米に比べると低く、クレジットを率先して購入する企業は多くない。そのため売却価格があまり上がらず、バイオ炭のコストを補うにはまだ十分ではない。クレジット市場を活性化させるには、行政による積極的な後押しが必要ではないかと柴田さんは考えている。

三つ目は、クルベジの知名度不足だ。農地炭素貯留に取り組む農家を増やすには、より多くの消費者に取り組みを知ってもらい、ほかの農作物ではなくクルベジを手に取ってもらえるようにする必要がある。簡単ではないが、以前に比べれば人々の脱炭素への意識は高まっており、消費者に受け入れられる素地はできつつある。取材を受ける頻度も増えているため、無償でメディアに取り上げてもらえる機会を生かし、宣伝費を抑えながら知名度向上を目指すという。

普及をさらに加速させるため、柴田さんは現在、所属する立命館大学との連携強化を図っている。知名度や経営資源が必要な同協会と、研究成果の社会実装を進めたい大学の利害が一致し、2022年11月には立命館大学内に日本バイオ炭研究センターが設置され、柴田さんがセンター長に就任した。

また、同年12月には、産官学民が集う日本バイオ炭コンソーシアムの設置も大学から認可された。これは、大学がクルベジの生産側と消費側をつなぐプラットフォームとなり、バイオ炭の産地や埋

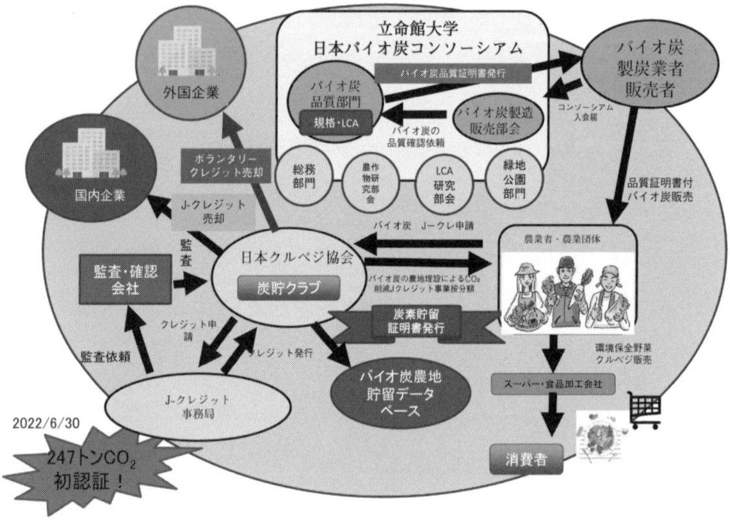

日本バイオ炭コンソーシアムを交えた今後のクルベジのビジネスモデル（提供：一般社団法人日本クルベジ協会）

めた場所などのデータベース化、農家と飲食店や小売店のマッチング、情報発信、バイオ炭規格の研究などを行う構想である。今後は、バイオ炭の品質証明書の発行も同コンソーシアムが行う予定だ。こうした動きは、普及に向けた大きな推進力になるだろう。

脱炭素ビジネスは新しい市場であり、分野によっては製品の規格化、行政との折衝、商流の整備など、ビジネスモデルを一から構築する必要がある。決して容易な道ではないかもしれないが、逆にいえばまだ誰も絶対的な地位を占めていない、ブルーオーシャンであるとも考えられる。ビジネスモデルづくりを主導してバイオ炭利用の取りまとめ役となった柴田さんのように、中小企業や小規模事業者においても、業界にとって欠かせない存在となるチャンスが十分あるといえるのではないだろうか。

事例８

社会のニーズをとらえて
脱炭素ビジネスを展開

企 業 名：株式会社中島自動車電装
代 表 者：中島　朗（なかじま あきら）
創　　業：1970年
従業者数：39人
事業内容：フロン回収機・スプレー缶処理装置の製造・メンテナンス
所 在 地：群馬県前橋市駒形町1506
（登記上は群馬県伊勢崎市連取町3290-5）

【脱炭素事業の歩み】

1970 年　個人事業として創業

1990 年　有限会社として法人設立

1993 年　フロン回収機の販売を開始

1996 年　株式会社に組織変更

1998 年　㈱日刊工業新聞社主催「第 1 回オゾン層保護大賞」優秀賞を受賞

2004 年　スプレー缶処理装置「安心カンカン」を開発

環境省主催「地球温暖化防止活動環境大臣表彰」を受ける

2012 年　太陽光発電事業に参入

2019 年　群馬県前橋市に事務所と工場を設立

高効率のフロン回収機を製造

地球温暖化の原因である温室効果ガスには、二酸化炭素のほか、メタン、一酸化二窒素、フロンガスなどがある。そのなかでも二酸化炭素に次いで影響が大きいのが、冷媒や洗浄剤などに使用されているフロンガスだ。環境省と国立環境研究所によると、2020年度に日本で排出された温室効果ガスがもたらす温室効果のうち、フロンガスによるものが約５％を占めているという。

フロンガスによる環境への影響に着目し、早くからビジネスとして取り組んできたのが群馬県にある㈱中島自動車電装である。同社は、エアコンや冷蔵庫などを廃棄する際に、冷媒として使用されているフロンガスを回収するための装置を製造している。社長の中島《なかじま》朗《あきら》さんが開発した独自の方式を採用しており、高い回収性能を誇っているのが特長だ。

冷媒として使われているフロンガスのほとんどが、機器内では油分と混ざった液体の状態で存在する。密閉された容器を開けると内部の圧力が下がり、フロンガスは少しずつ分離していく。これを回収する方式として一般的なのは、機器内のフロンガスを吸引する「ガス回収方式」と、圧縮機で機器内に空気を注入して油分と混ざった液体状態のフロンガスを回収する「液回収方式」である。ただ、両者とも十分には回収できないという問題があった。

これに対し、中島さんが開発したのは「ガス化回収方式」だ。これは液体状態のフロンガスを抜き取り、圧縮機が発する熱を利用して気化を促したうえで回収するというものである。気化工程を加えたことで回収効率が大幅に向上し、フロンガスを短時間で95%以上回収できるようになったのだ。

オゾン層保護のパイオニア

1970年に個人で創業した当初の主力事業は、カーエアコンやカーオーディオといった自動車電装部品の組み付けであった。その後、中島さんは市場の変遷に合わせて主力事業を転換してきた。1990年代初頭には自動車の解体や部品のリサイクルを主に行っていたが、ライバルの増加で売り上げが頭打ちとなっており、新規事業を模索していたという。そこで中島さんが目をつけたのが、当時社会問題となっていたフロンガスの回収に関するビジネスだった。

一部のフロンガスは、太陽からの有害な紫外線を吸収してくれるオゾン層を破壊する性質をもつ。1980年代には、南極大陸の上空でオゾン濃度が減少していることが観測され、世界中でフロンガス規制の気運が一気に高まっていた。そして1987年に、フロンガスのなかでもオゾン層を破壊する効果がとりわけ高い特定フロンの生産・消費を段階的に規制する、モントリオール議定書が採択されたのだ。

当時、特定フロンを使用する機器は広く普及しており、寿命を迎えて廃棄されるものも少なくなかった。だが、機器に残った特定フロンのほとんどが、回収されずにそのまま捨てられ、最終的には大気中に放出されてしまっているというのが現状だった。

同社の工場で解体された自動車から出たカーエアコンも、特定フロンを回収しないまま処分されていた。この問題もいずれは解決す

フロン回収機

る必要が出てくると考えた中島さんは、回収機を海外から買い付け、カーエアコン内の特定フロンの回収を試みた。しかし、回収機の性能は良いとはいえず、しかも短期間で壊れてしまったそうだ。

特定フロンの問題は、同社だけでなく日本中の多くの企業が将来対応を迫られる可能性がある。ということは、優れた回収機をつくることができれば、自動車解体に代わる大きな収益源になるうえ、地球環境の保護にも貢献できるのではないか。そう考えた中島さんは、1992年にフロン回収機の開発を進めることを決意した。

最初に試作したのは、不要となったカーエアコンの圧縮機を動力源として活用した、液回収方式の回収機だ。圧力のかけ方を調整することで、輸入品よりも回収率を高めることには成功したものの、運転中に圧縮機が熱で焼きついてしまう問題があったという。冷却

㈱中島自動車電装の事務所

装置を付ければ解決するが、それでは回収機が大きくなりすぎる。そこで中島さんは、いっそこの熱を活用しようと考え、試しに回収した特定フロンの入った油を加熱したところ、気化が早く進むことがわかった。このひらめきにより、開発開始から約1カ月という短期間でガス化回収方式が誕生したのである。

1993年にフロン回収機の販売を始めた中島さんは、まず地方自治体への売り込みに力を入れた。当時は特定フロンを冷媒として使用するエアコンや冷蔵庫などの家電機器の多くを、自治体が粗大ごみとして回収・処分していたためだ。最初はなかなか売れなかったが、地域貢献も兼ねて地元の自治体に1台寄付したところ、実際に稼働している姿を見て導入を決めるところが増え、最終的には800を超える自治体に回収機を納入することになった。1998年には「第１回オゾン層保護大賞」（現・オゾン層保護・地球温暖化大賞）で優秀賞を受賞するなど、オゾン層保護のパイオニアとして、同社は大きく名を上げたのである。

オゾン層保護から地球温暖化抑制へ

同社がフロン回収機を開発してから、事業環境の面で大きく変わったことが二つあるという。

一つは、フロンガスに関する規制がさらに進んだことだ。前述のとおり、モントリオール議定書で特定フロンの使用が規制され、その代わりにオゾン層を破壊しない代替フロンが使われるようになっていった。移行が進んだことで、1990年代後半にはオゾン層の破壊に歯止めがかかったものの、今度は別の問題が生じた。代替フロンは地球温暖化を促進する効果が大きいとわかったのだ。そのため、フロンガスに関する規制は、オゾン層保護から地球温暖化抑制へとその軸足を変えていき、1997年に採択された京都議定書で代替フロンの段階的な削減目標が定められたのである。

この変化は、同社にとって追い風となった。開発した回収機は特定フロンのためのものだったが、代替フロンでも問題なく回収が可能だからだ。規制の拡大により、回収機の普及は一層進んだという。結果として地球温暖化抑制にも大きく貢献することができ、2004年に「地球温暖化防止活動環境大臣表彰」を受けた。同社はオゾン層保護だけでなく、地球温暖化抑制のパイオニアにもなったのである。

もう一つ変わったのが、販売先だ。2001年に「特定家庭用機器再商品化法（家電リサイクル法）」が施行され、エアコンや冷蔵庫など一部の家電はメーカーによるリサイクルが義務づけられた。そのため、民間の家電リサイクルプラントが回収機の主な販売先となったのだ。現在では、国内にあるプラントの大半に納入しているという。シェア拡大の決め手は、やはり回収率の高さだったそうだ。

新製品で社会の仕組みを変える

フロン回収機の開発で知名度を高めたことで、ほかの気体の回収についても、さまざまなところから相談が舞い込むようになった。それをきっかけに、二つの製品が新たに生まれた。

その一つが、炭化水素系冷媒の回収機だ。2000年代に入り、代替フロンに代わる冷蔵庫用の冷媒として、温室効果が比較的低いブタンやイソブタンといった炭化水素の導入が検討されていたのだが、これらは可燃性があり、リサイクル時の安全を考えると廃棄時の回収が欠かせなかったからだ。家電メーカーの業界団体から要請を受け、フロン回収機の技術を生かして共同で開発したのである。

もう一つの新製品が、スプレー缶処理装置「安心カンカン」だ。殺虫剤、消臭剤、整髪料、塗料などの入ったスプレー缶は、家庭用や業務用として広く使われている。高圧のガスで成分を噴霧する仕組みだが、その噴射剤としてかつてはフロンガスが一般的に使用されていた。それが規制強化により、プロパンやブタンなどの可燃性ガスに移行したのである。

しかし、この移行が新たな問題を引き起こしていた。使用後のス

スプレー缶処理装置「安心カンカン」

プレー缶を処分する際、可燃性ガスが残ったまま破砕すると爆発するおそれがあるのだ。そのため多くの自治体で、廃棄前にガスを抜くというルールが定められたが、手作業で缶に穴を開ける作業は危険が伴ううえ、ガスが残ったまま誤って廃棄される缶も少なくなかった。こうして穴開けの際に火災が発生したり、ごみ回収車のなかでガスが爆発したりといった事故が起こるようになったのだ。そこで、フロン回収機の実績がある同社ならばスプレー缶の処理装置も開発できるのではと、ある自治体から声がかかったという。

中島さんは、廃棄作業が安全に行われることを最優先し、爆発させずに缶を処理する方法を模索した。そして、耐圧性の密閉容器にスプレー缶を投入し、真空状態で破砕しながら可燃性ガスを回収する方式を考案したのだ。2004年には自治体やリサイクル業者への納入がスタートし、現在の売り上げはフロン回収機を上回るまでに成長した。この装置の普及により、スプレー缶の廃棄時に穴開けが不要となった自治体が増えたという。同社の製品が、より安全な社会の仕組みを構築することにもつながったのだ。

太陽光発電を３本目の事業の柱に

フロン回収機とスプレー缶処理装置は、メンテナンスも同社が責任をもっている。機器の稼働状況を遠隔で把握するシステムを導入し、不具合の前兆をつかむことで、手厚いアフターフォローを行っているのだ。

そして現在、３本目の事業の柱として育てているのが太陽光発電だ。2014年に最初の発電所を稼働させ、いまや発電所が25カ所、最大出力は計１万1,000kW まで拡大した。「フロンの次は二酸化炭素の削減」という考えのもと、活躍の舞台を広げ続けている。

将来の同社を背負う人材の育成も、中島さんの重要な仕事だ。従業員には丁寧な OJT に加えて、外部の研修や通信教育などの受講、危険物取扱者やフォークリフト運転など各種免許の取得を推奨し、自身の豊富な経験も惜しげなく伝えている。太陽光発電のような新たな事業に挑戦するのも、従業員にとっては貴重な経験になっている。ノウハウ蓄積と従業員のスキルアップを兼ねて、用地選定、機材発注、施工管理など、できることはすべて自社で行っているという。同社は創業以来、時代の潮流を見極めて業態変化や多角化に果敢に挑んできた。この歩みは、今後も連綿と続いていくに違いない。

第4章

自動車産業における脱炭素の動向と中小企業

名城大学経済学部
准教授　太田 志乃

本章は、当研究所発行の『日本政策金融公庫論集』第58号「脱炭素時代の自動車産業と中小企業」(2023年２月）の一部に手を加えて再掲したものである。

1 はじめに

自動車産業が大きな変革期にあることは明らかである。各国・地域の環境規制の強化を背景に、完成車メーカーや部品メーカーは環境性能の高い車を投入すべく、電気自動車（Electric Vehicle, EV）や燃料電池自動車（Fuel Cell Vehicle, FCV）など、走行時の二酸化炭素排出ゼロ車両や搭載部品の開発、生産を急いでいる。2021年６月にはスズキ[1]の鈴木修会長（当時）が引退を目前にしたインタビューで「既存の産業ピラミッドは崩れ去る」と指摘し、「部品会社も含めた自動車産業は電動化で抜本的に変わる」[2]との見方を示したことを記憶している人も多いだろう。それほどまでに、世界の自動車産業は変化の時代を迎えている。

温室効果ガスの排出削減に向けて自動車の電動化が望まれることについては、京都議定書が交わされた1990年代後半から指摘され続けてきたものの、その動きは一時的だった。2015年に合意されたパリ協定に基づき、先進国を中心に実効的な目標値が掲げられて以降、完成車メーカーが積極的に動きだしたといえよう。その証左に、日本の完成車メーカー各社は2020年度決算報告の場において、2025年もしくは2030年を区切りに電動車販売の拡大に注力する方針を発表している。

ここでいう電動車とは、バッテリーに蓄えた電気エネルギーを動力のすべて、もしくは一部として走行する自動車を指す。具体的に

1　本章では、株式会社などの法人形態の記載を省略した。
2　「日本経済新聞」2021年６月９日付朝刊を参照。

表４－１　電動車と新エネルギー車の内訳

分　類		内　訳	動力源	主なエネルギー源
電動車	新エネルギー車	E V （電気自動車）	モーター	電気（外部からの充電）
		FCV （燃料電池自動車）	モーター	電気（水素やメタノールなどの化学反応で発電）
		PHV （プラグインハイブリッド車）	内燃機関 モーター	石油系燃料 電気（内燃機関で発電・外部からの充電）
		H V （ハイブリッド車）	内燃機関 モーター	石油系燃料 電気（内燃機関で発電）

資料：筆者作成
（注）新エネルギー車は主に中国で使用されている分類。

は、前述のEVとFCVに、ハイブリッド車（Hybrid Vehicle, HV）、プラグインハイブリッド車（Plug-in Hybrid Vehicle, PHV）を加えたものである（表４－１）。

自動車の電動化に加え、自動車産業が移動にかかわる広範な分野を含む「モビリティ産業」へと移行しつつあることにも触れるべきだろう。CASE（Connected＝ネットワークへの接続、Autonomous＝自動運転、Shared & Service＝シェアリングサービス、Electric＝電動化）やMaaS（Mobility as a Service＝移動のサービス化）などの動きは、大量生産が主だった自動車という製品そのものを変える可能性も否めない。特にこの領域では、「自動車」から「空飛ぶ車」へといった製品性能、使用シーンの拡大もみられる。これら全体を俯瞰すれば、脱炭素化に向けた取り組みとしてとらえることができよう。

本章ではCASEのうち、「E＝電動化」に焦点を置くが、これ以外の「CAS」も加味すれば脱炭素化の動きにつながる。例えば、自動運転技術が一般に普及した際、公道を走行する車両の多くが電動化していることを想像してほしい。自動運転時（Autonomous）には、車両間で通信を行うことで車間距離が一定に保たれ（Connected）、不要な Go and Stop が減る。走行時の安全性も高まる（と想定される）ことから、車両もシェアリングカーであったり、乗り合いの車両であったりするかもしれない（Shared & Service）。加えて、当該車両が EV ないし FCV であれば、このシーンでの二酸化炭素排出量は現在の車両走行時と比べると圧倒的に小さくなる。このように、CASE をめぐる技術投入が全体として脱炭素化に大きく寄与する。

ただし、現時点でその技術の変容が関連企業の戦略に顕在化しているのは、電動化の取り組みだ。そこで本章では、自動車産業の脱炭素化に向けた取り組みとして、「E ＝電動化」に注目する。

2　自動車産業の脱炭素化に向けた取り組み

（1）主要国政府が掲げる環境規制

CASE の取り組みは、自動車そのものを変えると同時に、自動車産業のあり方、主要プレイヤー、参入プレイヤーを大きく変えていく。2023年現在、自動運転技術やそれを取り巻く法規制について未整備な点も否めないが、世界的には法制度が整えられていく傾向にある。大手完成車メーカーによる実証実験や各国で展開される社会実装実験などがその土台をつくり上げていることから、今後の実現が期待できよう。また、「車」が「モビリティ」に変容するように、モビリティが使用される環境整備のあり方も変わっていくだろう。トヨタ自動車（以下、トヨタ）が2020年に発表した「Woven City」がその好例だ。未来に向けた実証実験の街と位置づけられた同プロジェクトでは、いわゆるスマートシティの取り組みではなく、未来のモビリティが活用される都市づくりが意図されている。

こうしたなか、自動車を主要産業とする日本でも、脱炭素化に向けた取り組みが始まっている。国の動きとして大きく脱炭素化にシフトしたのは、2020年10月、菅義偉首相（当時）が所信表明演説のなかで2050年カーボンニュートラルを宣言したことからも明らかだ。前述のようにパリ協定以降、世界的に脱炭素社会の実現を目指す方向性が示されたが、求められるのは各国の努力である。加えてパリ協定のルール上、各国は「削減目標を５年ごとに深掘りする」ことも要請されており、削減目標が言葉だけで終わらないように取り組みを具現化する必要がある[3]。

カーボンニュートラル実現に向けて、具体的な取り組みが各産業で大手企業を中心に進められている。とりわけ二酸化炭素を多く排出する輸送部門にとって、取り組みは喫緊の課題である。海外に目を向けても、各国が窒素酸化物（NOx）や粒子状物質（PM）などの排ガス規制を推し進めている。特に規制標準化が進む欧州では、2025年に導入されるEURO７新排出基準に向けて、主要な完成車メーカーや部品メーカーが主としてEVシフトを速めている。欧州規制に準拠する中国や、欧州並みの規制を視野に入れる日本など、

3　パリ協定の概要については外務省ホームページ（https://www.mofa.go.jp/mofaj/files/000198007.pdf）を参照。

自動車先進国の完成車メーカー、部品メーカーも欧州メーカーと同様の取り組みが求められるのは自明であり、当面は「環境規制対応」が自動車産業の大きなキーワードとして掲げられるだろう。

厳しさを増す環境規制への対応として、完成車メーカーが採っている策が自動車の電動化である。EV、FCV、HV、PHVなどの車両がその代表例である。従来の内燃機関車に電動技術を付与したHVやPHV、これらとは駆動源が異なるEVやFCVなど、走行時の二酸化炭素排出量削減を可能とする車両展開が、前述の環境規制の動きを受けて急速に進んでいる。表４－２に示したのは2022年の自動車販売台数上位10カ国で、これらの国々で世界全体の７割強を占める。各国の目標から、大半の国が2030年代には電動車の投入を必須としていることがわかる。2021年現在で世界の自動車販売台数の合わせて５割を占める中国と米国は、EVシフトの目標は異なるものの、いずれもHV以上の電動車の自国投入を求めている。こうした国々が車両の電動化を進めている事実から、今後の自動車はますます電動化率を大きく伸ばしていくものと考えられる。

そして電動化のなかでも、とりわけEVシフトが進むと考えられる背景がある。中国などに確認される国策としてのEV産業振興である。中国はもはや押しも押されもせぬ、世界最大の自動車「生産」国であり、「消費」国でもある。一方で、同国の自動車産業は、日本、ドイツ、米国といった外資企業が主要プレイヤーとして担ってきたこともあり、先進国ブランドが生産販売台数で大きなシェアを占める。そのなかで中国政府が舵を切ったのは、内燃機関車との決別と、新たな駆動源としてのEVへの注目だ。

表４－２　自動車販売台数上位10カ国の電動化政策（2022年現在）

順　位	国　名	自動車 販売台数 (2022年)	電動車投入に向けた主要目標（乗用車）
1	中　国	2,686万台 (38.5%)	・2025年までに乗用車販売台数の20%を新エネルギー車（EV、FCV、PHV）に ・2035年をめどに新車販売台数の５割をEVに、残りはすべてHV以上に
2	米　国	1,423万台 (20.4%)	・2030年までに新車販売台数の５割をEVに ・（カリフォルニア州）2035年までに内燃機関車の販売を禁止
3	インド	473万台 (6.8%)	・2030年までに乗用車全販売モデルの３割をEVに
4	日　本	420万台 (6.0%)	・2030年までに新車販売台数の2～3割をEV＋PHV、3～4割をHV、３％をFCVに ・2035年までにすべての新車販売を電動車に（含軽自動車） ・2050年までに販売車の100%をEV、FCV、HV、PHVに
5	ドイツ	296万台 (4.2%)	・2030年までに新車登録の700万～1,000万台をEV（含FCV）に ・2050年までにすべての新車販売をゼロエミッション車に
6	英　国	194万台 (2.8%)	・2030年までに新車販売台数の5～7割をEVに ・2030年にガソリン車の新規販売を禁止
7	フランス	193万台 (2.8%)	・2023年までに乗用車保有台数のうち50万台をPHV、66万台をEV（含FCV）に ・2028年までに乗用車保有台数のうち180万台をPHV、300万台をEV（含FCV）に ・2040年にガソリン車の新規販売を禁止
8	ブラジル	183万台 (2.6%)	・2030年以降、ガソリン車、ディーゼル車の新車販売を禁止 ・2040年以降、ガソリン車、ディーゼル車の運行を禁止
9	韓　国	168万台 (2.4%)	・2022年までに保有台数の43万台をEV、6.7万台をFCVに ・2030年までに新車販売台数の33%以上をEVまたはFCVに ・2040年までにFCVタクシーを８万台導入
10	イタリア	150万台 (2.2%)	・2035年までに内燃機関車の新車販売を段階的に禁止
参　考	ロシア	174万台 (2021年)	―

資料：International Energy Agency(IEA), *Global EV Outlook 2022*、Organisation Internationale des Constructeurs d'Automobiles(OICA)ホームページ（https://www.oica.net/）をもとに筆者作成

（注）１　自動車販売台数の下の（　　）は、世界の自動車販売台数に占める割合。
　　　２　ロシアは2021年の自動車販売台数が世界第９位であったが、2022年のデータは2023年４月30日現在未公表。

中国政府が2015年に発表した「中国製造2025」は、中国を製造大国から製造強国へ導くための指針であり、そこでは特に新産業創出が期待された。そのなかにはEVやFCVも含まれており、同指針をベースにした自動車技術開発が一瀉千里《いっしゃせんり》に進められている。

表４－３　ロードマップ2.0における中国の自動車販売台数の年間目標

	2025年	2030年	2035年
中国国内での生産販売台数	3,200万台	3,800万台	4,000万台
うち新エネルギー車	640万台以上	1,900万台以上	2,000万台以上
うち FCV	運行台数約10万台	保有台数約100万台	保有台数約100万台
新エネルギー車を除く乗用車の HV 比率	50％以上	75％以上	100％

資料：マークラインズのデータをもとに筆者作成

それは、2020年に発表された「省エネルギー車と新エネルギー車の技術ロードマップ2.0」（以下、ロードマップ2.0）からも明らかだ。調査会社のマークラインズ[4]によると、ロードマップ2.0では、中国国内の新車販売における新エネルギー車（EV、FCV のほか PHV を含む）比率を2030年までに販売台数全体の５割以上にするという目標が掲げられている（表４－３）。2017年発表のロードマップ1.0では、2030年までにおける同比率を4～5割とうたっていたところだが、それを上回る目標値である。

加えてロードマップ2.0は、中国国内での2030年の生産販売台数（新エネルギー車以外の車両も含める）を3,800万台、2035年には4,000万台へと拡大することを求めている。2020年の販売台数は約2,500万台であり、比較すると大きな増加である。

ロードマップ2.0が求めるように、2030年に前述の販売台数のう

4　マークラインズは自動車産業専門の日本の調査会社。自動車産業に関連するさまざまな情報を収集し、自社の情報プラットフォーム（https://www.marklines.com/ja/）で発信している。

ち半数以上が新エネルギー車となれば、実に1,900万台以上に達する。なお、中国の新エネルギー車はEV、FCV、PHVを含むくくりであり、HVは省エネルギー車の位置に留まるが、ロードマップ2.0ではHV比率も引き上げることを求めている。新エネルギー車以外の乗用車に占めるHV比率を、2030年に75％以上（新エネルギー車を1,900万台とすると、HVは1,425万台以上)、2035年に100％(新エネルギー車を2,000万台とすると、HVは2,000万台）とすることを目標としている。つまり、2035年には中国で販売される乗用車が電動車のみになるということである。

なお、世界の自動車販売台数は2020年、2021年にCOVID-19による影響を色濃く受けたが、2030年に向けて増加するという見方が大勢である。多くのコンサルティング会社が2030年の世界の自動車販売台数は１億台を超えると予測しており、そのうち５割は電動車が占めるという見解を示している。前述の中国の目標を考えれば、この予測もあながち見当違いとはいえないだろう。

（２）完成車メーカーの電動車技術開発と製品化

規制対応の流れを受け、当然のように完成車メーカーも市場投入する製品の駆動源を大きくシフトしている。EV、FCV、HV、PHVといった電動車生産が必須となるなか、2021年には大手完成車メーカーである本田技研工業（以下、ホンダ）が内燃機関車の開発、生産を止め、EVシフトの姿勢を明らかにするなど、電動化、なかでもEVシフトはわれわれが想定するよりも速いスピードで展開している。

表４－４は2022年時点における世界の自動車販売台数上位10社

表４－４　世界の自動車販売台数上位10社による電動車投入の動き

順　位	会社・ グループ名	自動車 販売台数 (2022年)	各社の動き
1	トヨタグループ (日本)	1048.3万台	・(トヨタ) 2030年までに30種類の新型EVを発売 ・(トヨタ・Lexus) 2030年のEV販売台数を350万台に（うちLexus 100万台）
2	VWグループ (ドイツ)	826.3万台	・(VW) 2023年までに100万台のEVを生産、2025年までに300万台の電動車を販売 ・2021年から2026年の間に2,600万台のEV、700万台のHVを生産 ・2026年までに年間350万台のEV年産能力を整備 ・2030年までに約70モデルのEVと約60モデルのHVを投入し、販売台数の50％をEVに
3	Hyundai-Kia グループ (韓国)	684.5万台	・(Hyundai) 2030年までにEV販売台数を187万台とし、17モデルの新型EVを投入 ・(Kia) 2027年までにピックアップトラック２車種を含む14モデルの新型EVを投入 ・(Kia) 2030年までにEV販売台数を120万台に
4	Renault (フランス) 日産自動車 (日本) 三菱自動車工業 (日本)	615.7万台	・2030年までに５つのEV専用共通プラットフォームをベースにした35モデルの新型EVを投入 ・(Renault) 2025年までに欧州で販売台数の65％を電動車に、2030年までに90％をEVに ・(Ampere) 2030年までに６車種のEVを開発、2031年に約100万台のRenaultブランドEVを生産 ・(日産自動車) 2026年度までに販売台数の40％を電動車に ・(日産自動車) 2030年度までに15モデルのEVを含む23モデルの電動車を投入 ・(三菱自動車工業) 2030年までに全車種に電動車を設定し、電動車の比率を50％に
5	Stellantis (オランダ)	600.3万台	・2030年までに75モデル以上のEVを投入、EV販売の目標を欧州で100％、米国で50％に ・2030年までにEV販売台数を年間500万台以上に
6	G　M (米国)	593.9万台	・2025年頃までにEV販売台数を100万台超に ・2030年までに北米と中国の製造拠点の50％をEV生産向けに転換 ・2035年までに内燃機関車、HVの生産、販売を全廃し、すべてゼロエミッション車に
7	Ford Motor Company (米国)	423.1万台	・2030年までに販売台数の40％をEVに ・2030年には欧州の全乗用車をEVに、2035年までに全車両をEVに
8	ホンダ (日本)	377.8万台	・2024年前半に100万円台の軽商用EVを投入 ・2040年に世界での販売すべてをEVとFCVに
9	スズキ (日本)	283.2万台	・2025年までに電動化技術を集中開発し、自社によるHVシステムとEVを開発・製品化 ・2030年までに日本と欧州で内燃機関車の販売を全面廃止、インドで電動車販売を40％に ・EVの開発ではトヨタとの共同開発を活用
10	BMWグループ (ドイツ)	219.6万台	・2026年には新車販売の３分の１をEVに、2030年までにEV累計販売台数を1,000万台超に ・(MINI) 2030年までに全モデルをEVに

資料：「日経産業新聞」2023年３月６日付、マークラインズのデータをもとに筆者作成
(注) 各社の動きは2023年３月現在。

による電動車投入の動きである。多くの企業が、2030年以降のEVの市場投入を公表しており、HV技術に定評があるトヨタも、2030年にはEV、FCVを合わせて350万台以上の販売を視野に入れている。

ただし、この値はあくまでも2022年時点の目標値であることに注意を要する。各国の電動化政策は、カーボンニュートラル社会に向けてより厳格なものになる可能性もある。とりわけ中国や米国にみるように、中央政府と省や州レベルでの電動化政策が異なるような国においては、主に省や州レベルがより厳格な規制を用意する可能性も否めない。そして、中国のように、電動車購入に際する補助金を用意して国民の購入意欲を高めるといった取り組みが他国で行われることも大いにあり得る。そうなると、完成車メーカーもその市場を見越した車両投入を戦略立てることになる。1年後、2年後のEVやFCVの開発、生産目標値がより大きくなっていても不思議ではない。

そして、このEVシフトに伴い、完成車メーカーは生産体制の見直しにも着手している。Mercedes-Benz Group（ドイツ）は内燃機関車の生産減少を受けて主力のエンジン工場の生産を縮小し、人員を削減すると発表した。また、未だ記憶に残る2015年に発覚したドイツのVolkswagen（以下、VW）による排ガス不正問題は、欧州市場の電動化を進めた一因とみて間違いなく、VWはそれ以降、EVシフトを顕著にすると同時に、本社を置くドイツ工場で7,000～8,000人の人員削減を進めた。このリストラの動きは欧州企業だけではなく、米国企業にもみられる。General Motors（以下、GM）は米国内の3工場を閉鎖し、Ford Motor Companyも

2019年から2020年にかけて世界で8,000人規模の人員削減を行っている。

一方でEVシフトをいち早く進めたVolvo Cars（スウェーデン）は、約3,000人を親会社の吉利汽車（中国）と統合する新会社に移行すると発表したことに加え、全面EVシフトに伴い、対面販売方式ではなくオンライン販売に移行するなどドラスティックな動きをみせた。

他方で、EVシフトによる部門・人員リストラだけではなく、新部門の創設や他部品の生産拡大を進めているのも、これら完成車メーカーやメガサプライヤーに目立つ動きである。前述のとおりVWは大規模なリストラを行ったが、CASEに求められるソフトウエアやIT部門の強化策として6,000人の人員増加を図ったうえ、後述するように車載バッテリーを内製化し、量産工場の建設を進めている。GMもVWと同様、米国内に自社バッテリー工場を新設する動きに出ている。当面は、大手完成車メーカーや部品メーカーを中心に、EVシフトに伴った生産体制の再構築が進む一方で、EVシフトを加速させるための新部門の創設、電子・電気関連部品の生産増加が並行して進むのだろう。

これら電子・電気関連部品のなかでも注目されるのは、完成車メーカーによる次世代電池を含めたバッテリーに関する取り組みと考えられる。EVシフトの波が拡大するためには、普及の課題となっている車両の低コスト化、そして航続距離の伸長を実現しなければならない。従来の内燃機関車にもバッテリーとして鉛蓄電池やニッケル水素蓄電池が搭載されてきたが、電動化が進む車両では、バッテリーそのものの性能が車両性能を大きく左右することになる。

この点に注目した大手完成車メーカーは、自社でのバッテリー開発、生産に向けて積極的に動きだした。特にその動きが顕著なのがVWである。同社は2022年7月に、本社があるドイツでバッテリー工場の定礎式を行っている。従来VWは、バッテリーの主要部品をSK Innovation（韓国）やLG Energy Solution（韓国）、寧徳時代新能源科技（Contemporary Amperex Technology Co., Limited, CATL）（中国）、国軒高科（中国）から調達してきたが、ここにきて自社で開発、生産する戦略に転換しており、2025年にはこの工場での量産を開始することを表明している。加えて、2030年までに欧州で六つのバッテリー工場を建設する計画も有していることから、同社が電動車に熱心であることは明らかともいえよう。

また、素材が高額であるリチウムイオン電池を超えるべく研究開発が進む次世代バッテリーの分野では、とりわけ全固体電池に完成車メーカーの注目が集まっている。固体の電解質を使う全固体電池は、リチウムイオン電池と比べて設計の自由度や安全性が高く、EVのバッテリーに適しているとされる。トヨタは2020年代前半に全固体電池を搭載した車両を販売することを表明したほか、日産自動車（以下、日産）は2028年度までに、ホンダは2020年代後半には全固体電池を採用するとし、VWも2025年には実用化すると発表している。現時点ではこれらの企業による研究開発が着手されたばかりだが、これまで外部からの調達に依存していたバッテリーの研究開発に完成車メーカーが相次いで乗りだしている様相に注目したい。

3 完成車メーカーの取り組みを受けた部品メーカーの動向

（１）電動化が及ぼす部品メーカーへの影響

完成車メーカーによる電動車投入の動きが進むなかで、部品メーカーもそれに呼応した戦略を展開している。電動化の流れによって、新たなバッテリー技術や電動車に搭載必須の部品といった新規ビジネスが生まれる一方で、既存の内燃機関車に搭載されてきた部品の多くはEVシフトにより不要となる。

表４－５では、EVシフトで不要となる部品と、軽量化や増産が求められる部品の例を示している。このなかでも、エンジン関連部品への影響が大きい。日本自動車部品工業会の会員企業によるエンジン部品出荷額（2021年度）は約2.5兆円で、自動車部品全出荷額の14％ほどを占める（図４－１）[5]。この金額は、三菱自動車工業の2021年度売上高である約2.0兆円を上回る。EVシフトが進むことで、部品産業にもそれほどまでのインパクトを及ぼすのである。

以上のような動きを受け、完成車メーカー、Tier 1 企業はさまざまな対応に出ている。例えば、日本精工のようにエンジン向け製品を手がける企業のなかには、自動車向け需要の減少が想定されるなか、EVの特性に着目した技術展開を模索するといった動きが出ている。同社の主力製品は、エンジンに多用されるベアリングであり、自動車向けの売上高が７割を占めるため、同製品市場が縮小

5　日本自動車部品工業会「2021年度自動車部品出荷動向調査結果」を参照。

表4－5　自動車のEVシフトで影響を受ける部品例

部品の主要区分		部品名
不要となる部品	エンジン関連部品	・燃料噴射装置、エアクリーナ、インテークマニホールド ・ピストン、コンロッド、吸排気バルブ、ラジエータ ・キャタライザー、排気管マフラ、配管系、燃料タンク ・オイルフィルタ
	電装部品	・セルモーター、オルタネータ、ディストリビュータ、点火プラグ ・エンジン制御装置、ミッション系電子制御装置、イグニッションコイル ・充電装置、Engine Control Unit（ECU）
	駆動系部品	・フロントアクスル、リアアクスル、駆動用プロペラシャフト ・トランスミッション、デファレンシャル、クラッチ部品
新出／増産部品	主な軽量化部品	・外装パネル（フェンダー、ボンネット、ドアトリム） ・成形による構造部材（高張力鋼、アルミ、マグネシウム、チタン） ・カーボン材内装パネル（フレーム、ドアトリム） ・カーボン材外装パネル（ルーフ、ボンネットフード） ・カーボン材使用部品（ホイール、ブレーキロータ）
	主な増産部品	・駆動用モーター、発電用モーター、モーター用永久磁石、モーターコア ・インバータ（モーター一体型含む）、DC-DC／DC-AC コンバータ ・二次電池（リチウムイオン、全固体） ・二次電池部品・材料（正極材、負極材、セパレータ、電解液、集電体） ・電磁鋼板、パワー制御／モーター制御ユニット、IGBT／Sic デバイス（パワー半導体） ・燃料電池部品・材料（燃料電池システム／スタック、電解質膜、触媒、電極、セパレータ） ・水素タンク

資料：機械振興協会経済研究所「自動車産業のエレクトロニクス化と部品取引の変化」(2015年)、富士キメラ総研「車載電装デバイス＆コンポーネンツ総調査2019（上巻)」、富士キメラ総研「車載電装デバイス＆コンポーネンツ総調査2019（下巻)」、そのほか各種資料をもとに筆者作成

していくことは大きな問題である。同社は「典型的なガソリン車がEVに切り替わると、主に変速機向けの部品点数が３割減る」と想定する。ただし、この減少に手をこまぬいているだけではない。エンジンに代わってEVに搭載されるモーターは、エンジンと比べると音が小さく、摩擦音が目立つことに着目し、今後は「摩擦を減らして静粛性を高めた製品に力を入れる」と新聞インタビューに答

図４－１　日本自動車部品工業会会員企業の品目別部品出荷割合（2021年度）

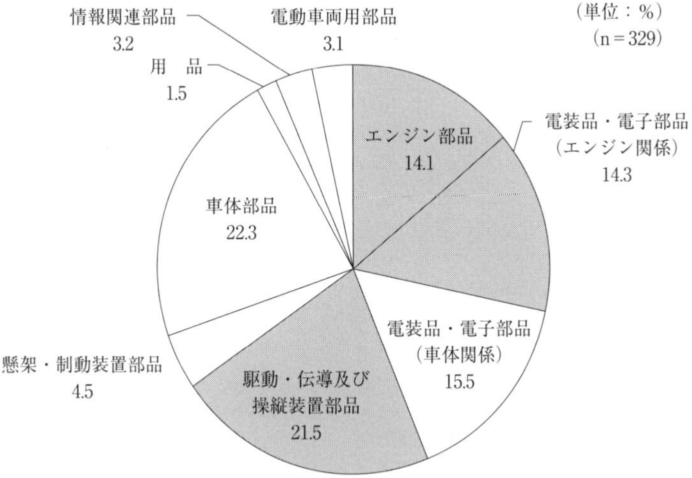

資料：日本自動車部品工業会「2021年度自動車部品出荷動向調査結果」をもとに筆者作成
（注）１　ｎは回答企業数（以下同じ）。
　　　２　記載順は同工業会の分類番号に従っている。
　　　３　網かけはEVシフトで不要となる部品群。

えている[6]。

また、筆者がヒアリング調査を重ねたなかには、ホンダのある主要Tier 1のように、ホンダ以外との取引拡大を狙うといった脱系列を急ぐ企業もある。それほどまでに電動化の動きはTier 1企業の経営戦略にも多大な影響を及ぼしている。それを具体的にみていこう。

まず指摘できるのは、電動化の波を受けて大手完成車メーカーが人員整理やエンジン部門の縮小などに動いたのと同様に、Tier 1企業のなかでもContinental（ドイツ）やMAHLE（ドイツ）といったメガサプライヤーが人員を大幅に削減したり、配置転換を表明したりといった「事業の見直し」を進めていることである。2022年11月には、ドイツのメガサプライヤーであるSchaefflerがエンジン＆ト

6　「日本経済新聞」2021年３月25日付朝刊を参照。

ランスミッションシステム事業部門を中心に、全世界で1,300人にわたる人員削減を行うと発表した[7]。同社は同時に、電動車関連部品の開発、生産の拡大とモーターの生産強化も掲げている。エンジンやその関連部品のように、研究開発に多額のコストを要し、生産ラインにも多くの人手が必要となる部品の生産量が縮小していくとなると、ライン作業に従事していたワーカーは不要となる。それを一気《いっき》呵成《かせい》に進めたかたちだ。

（２）完成車メーカーの動きに呼応するTier 1企業

内燃機関にかかる部門、ワーカー数の見直し以外にも、電動化の影響はTier 1企業に戦略の再構築を促している。現時点で顕在化している動きを概観しよう。

まず目立った動きとして顕著なのは、他企業との連携やCASE関連ベンチャー企業への積極投資、買収といった動きである。企業との連携としては、「①グループ企業間の事業整理・連携」と「②資本を別とする企業との連携」の二つのパターンがある。加えて、「③異分野からCASE領域への参入（＝結果として新たなTier 1企業に)」といった、従来の内燃機関中心の自動車産業では顕在化しなかった参入例もみられる。

まず、「①グループ企業間の事業整理・連携」について、国内企業で際立った動向として提示できるのは、トヨタのグループ企業再編の動きだろう。それは、例えばデンソーとアイシン、ジェイテクト、アドヴィックスが設立した「J-QuAD DYNAMICS」(2019年

7　Schaefflerの2022年11月８日付プレスリリース（https://www.schaeffler.com/en/media/press-releases/press-releases-detail.jsp?id=87875649）を参照。

表４－６　電動化をめぐるトヨタグループの企業連携事例

事　例	連携年	内　容
EV C.A. Spirit	2017年	・トヨタ、マツダ、デンソーによる共同出資会社 ・EV の基本構想に関する共同技術開発 ・2018年には SUBARU、スズキ、ダイハツ工業、日野自動車、いすゞ自動車、ヤマハ発動機も参画 ・2020年に事業終了（計画通り）
トヨタ、デンソー	2018年	・トヨタの広瀬工場にあった主要電子部品事業をデンソーに移管
J-QuAD DYNAMICS	2019年	・デンソー、アイシン、ジェイテクト、アドヴィックスによる共同出資会社 ・自動運転統合制御ソフトウエアの開発
BluE Nexus	2019年	・デンソー、アイシンによる共同出資会社 ・電動化のための駆動モジュールの開発、適合、販売 ・トヨタも出資し、THS を含めた電動化コンサルティング体制を整備
CJPT	2021年	・トヨタを中心とした商用車の企画開発会社 ・いすゞ自動車やダイハツ工業、スズキ、日野自動車などが参加 ・ダイハツ工業とスズキは軽商用車で参加

資料：各種報道資料をもとに筆者作成
（注）THS（Toyota Hybrid System）はトヨタが開発する HV 機構。

４月設立、自動運転向け統合制御ソフトウエアの開発）や、デンソーとアイシンが設立した「BluE Nexus」（電動車用駆動モジュールの開発、生産）に例示される（表４－６）。これら大手 Tier 1 企業が合弁企業を設けたのは、各社に重複する技術、人材リソースを集約し、グループとしての開発、生産の効率を高めるためである。

一方、「②資本を別とする企業との連携」の例としては、ホンダの関連企業のケースが挙げられる。ホンダは段階的に内燃機関車の生産を縮小させ、2040年にはグローバルに販売する全車両を EV もしくは FCV に切り替えることを明らかにし、四輪車向けエンジン部品工場（栃木県真岡市）の閉鎖を決めるなど、電動化に向けた事業戦略を急ピッチで固めている。この動きを受けて、2021年１月には、ホンダ系サプライヤーのケーヒン、ショーワ、日信工業が、日立製作所傘下の日立オートモティブシステムズと合併し、日立 Astemo として系列を超えた Tier 1 となった。

この連携パターンのなかでも業界関係者を驚かせたのは、エンジンに用いるピストンリング生産大手のリケンと日本ピストンリングの経営統合である。EV シフトが加速すると、先にみたようにエンジン関連部品の事業縮小は避けられない。その部品を開発、生産する企業同士が経営統合したニュースに、筆者も EV シフトの波がここまできたかと驚きを禁じ得なかった。この合併により、両社の「経営リソースを統合・有効活用」して自動車用エンジン部品事業の収益力を強化すると発表されている。「内燃機関向けの開発に充てていたリソースを統合し次なるコア事業・新製品分野に大胆にシフトする」ともされていることから、規模は縮小するものの今後もグローバル市場に一定数残るだろう内燃機関車向けエンジン部品の開発、生産の効率を上げ、他方で次の主力事業の構築を目指すという戦略がそこにみえてくる[8]。

そして、CASE 時代に加速したのが「③異分野から CASE 領域への参入（＝結果として新たな Tier 1 企業に）」の動きである。ここで例示するのは、ディープラーニング（機械学習・深層学習）などの分野で世界的に有名となった東大発ベンチャー企業、Preferred Networks（以下、PFN）である。2014年の設立後、2015年、2017年

8　リケンの2022年７月27日付 IR ニュース「株式会社リケンと日本ピストンリング株式会社との共同持株会社設立（株式移転）による経営統合に関する基本合意書の締結について」（https://ssl4.eir-parts.net/doc/6462/tdnet/2160468/00.pdf）を参照。

とトヨタからの出資を受けたベンチャー企業で、日本では数少ないユニコーン企業の 1 社としてカウントされている[9]。トヨタが同社に出資するのは、ディープラーニングによる AI の進化が自動運転技術には必要不可欠であるからにほかならない。トヨタのグループ会社にはデンソーやアイシンなどグローバルにも大きなシェアを占める部品メーカーもあるが、彼らがいかに巨大とはいえ、自動運転などの次世代技術にすぐにキャッチアップできるわけではない。トヨタが図ったのは異分野企業である PFN との連携であり[10]、PFN からすると自社の技術を軸に自動車産業にも深くかかわりをもち始めたかたちである。

異分野からの参入パターンには、米国の Apple や Google など巨大 IT 企業が自動車産業に参入する動きも含まれる。これら IT 企業が CASE 分野で狙うのは、Apple のように自社で製品設計を行い外部企業に組み立てをアウトソーシングするという、iPhone 生産と同じようなモノづくりであり、自動運転の実証実験を重ねる Google のように莫大な情報データの蓄積を生かして CASE 時代の中核を担おうとする動きともいえる。実際に Apple がどの完成車メーカーをアウトソーシング先として選ぶのか、Google は Google カーを上市するのか、もしくは自動運転技術を売り込むのか、その戦略は未だ明らかにはなっていないが、IT 企業が今後の CASE 分野で大きな勢力となるのは間違いないだろう。

9　ユニコーン企業とは、時価評価額が10億ドルを超える設立10年以内の未上場のベンチャー企業を指す。

10　PFN のような新たに完成車メーカーとかかわりをもつ Tier 1 企業は、完成車メーカーとの研究開発の面において従来の Tier 1 の位置づけとは異なるとも考えられる。このテーマについては、筆者の今後の研究課題である。

以上のように、電動化に向けて部品メーカーが他社と連携し、資本強化を図る動きはCASE時代において当面は展開されるだろう。部品メーカー、とりわけTier 1企業は電動化に向けた積極的な研究開発投資、そして設備投資による競争力の強化が必須となる。自動車のEVシフト、そしてCASEやMaaSといった環境変化が意味することは、これまでよりもスピーディーに展開されるイノベーションへの対応である。完成車メーカーがEVシフトに向かうなか、必要とされる部品、技術をいち早く予測、検証する姿勢がTier 1企業には求められてくる。

4 脱炭素化に向けた下請中小企業の動向

（1）電動化の動きと下請中小企業

前掲表4－5に示したように、EVシフトはエンジン周辺部品の減少に直結することに着目しがちだが、今後の自動車は従来の内燃機関車よりも電子部品などの付加価値が増すため、1台当たりの車両生産コストは増加する。そのコストを少しでも抑えることが求められるため、部品メーカーはコスト削減に向けた対応が必要とされる。

自動車産業構造のなかで、Tier 1に位置するサプライヤーは部品を「製品」として、完成車メーカーとともに研究開発を行い、生産、販売するといった関係にある。そのため、電動化が進むうえでTier 1企業に求められるのは、電動化に対応する製品に関する取り組みであることは当然である。例えば、デンソーやアイシン、ジェイテクト、日立Astemoといった主要なTier 1企業は、自動運転・

図４－２　自動車産業の取引構造イメージ

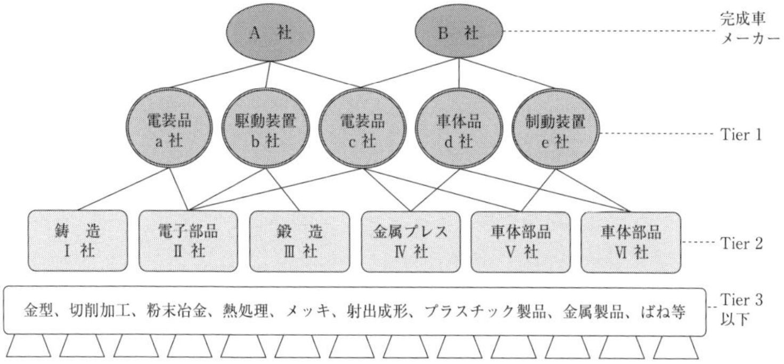

資料：筆者作成

先進運転支援システム、EV 向け軸受け、EV 向け駆動システムなどをすでに手がけている。

しかし、Tier 2 以下の企業は必ずしも製品を手がけておらず、発注者の部品加工を担う立場にある場合がほとんどである。例えば図４－２に示すように、自動車部品に多く用いられる鋳造・鍛造や金属プレスなどの加工を行うケースがこれに当たり、その多くが中小企業である。そうした企業では、車両の電動化が進むうえで何が求められるのだろうか。

下請中小企業にとっての電動化は大企業にとってのそれとは重みが異なる。筆者が考えるに、電動化は下請中小企業の今後の事業に対し、以下のいずれかのパターン（おそらくは、もっとさまざまなパターン）で影響を与える。

パターン１は、従来から自動車産業にかかわっており、電動化は自社にとってビジネスチャンスとなる、または発注者が電動化に積極的であり、その動きに追随するというものである。

パターン２は、従来から自動車産業にかかわっており、電動化によって売上減少等の負の影響を被るものの、どう動けばよいか判断がついていないケースである。

パターン３は、従来から自動車産業にかかわってきたが、電動化によって自社事業が縮小することから、自動車産業からの脱却と他産業への参入を志向するようになったというパターンである。

パターン４は、従来から自動車産業にかかわってきたが、電動化によって自社事業が縮小することから取引先拡大を志向するようになるというものである。

パターン５は、従来は他産業と深くかかわってきたが、電動化、もしくはCASE技術の拡大によって自社のビジネスチャンスが拡大するという場合である。

筆者による下請中小企業へのヒアリング調査では、パターン３のように他産業への進出、参入を考える声がいくつか聞こえてきた。自動車産業一本足打法からの脱却は、2010年代初頭の円高が続いた時期から強く求められ続けてきたが、品質やコストなどで求められる水準が、他産業と自動車産業では異なる。他産業への参入に当たっては、その産業の要請に容易に適応できるのかが課題といえる。

最も対応が急がれるのは、パターン２の企業だろう。筆者によるヒアリング調査でも、電動化への対応が遅れ、当惑しているケースが複数みられた。「内燃機関がなくなると自社への発注量も減る」「電動化の流れで自社がどのような影響を被るのか想像できない」という声に共通するのは、目の前の仕事に注力するあまり将来を見通せない、情報収集に動けないといった、経営上の基本方針や計画性の問題だろう。また、完成車メーカーや大手部品メーカーは、調達方針を説明する場を設けることが多いが、そこで展開される「それらの企業が将来目指す姿」が「他人事のように映ることがある」という中小企業経営者の声を耳にしたことがある。こうしたこともあって、完成車メーカーがCASEに向けて動きだしても、どの分野に自社が入り込めるのか、認識できていない中小企業は未だ多い。

なかでも当惑の色を隠さないのは、自社が自動車部品の何を加工しているのかわからない下請中小企業である。発注者から提示される図面に従って加工する業態では、どの完成車メーカーが最終納入先なのか判明しない下請企業も存在するくらいだ。そのような企業、要は自動車産業の全体像が把握できていない企業に対し、自動車産業のサプライチェーン、バリューチェーンの上層に位置する完成車メーカーが自社の今後の方向性を明確に示し、産業構造の土台を支える下請中小企業にも情報を正確に行きわたらせる姿勢が求められる。

そもそも、日本の自動車産業には多くの企業がかかわっている。このうち９割以上が中小企業であるとすると、これらの企業が電動化の波に乗り遅れるのは国の産業競争力に大きく影響する。そのため、近年では行政もそのサポートを急いでおり、電動化に関するセミナーを開催したり、電動車を分解して中小企業がその構造を理解する場を設けたりといった支援が各地で行われている。2022年８月には経済産業省が旗を振る「ミカタプロジェクト」もスタートした。同プロジェクトは、「自動車産業に関わる中堅・中小企業者の脱炭素に向けた『見方』を示し、企業の『味方』としてサポートする事業」であり、主に内燃機関部品にかかる中小企業が、電動車関連部品の領域への参入を意図した「攻めの業態転換・事業再構築」を図るべく、自治体に設けられた窓口相談や研修・セミナー、専門家派遣等を提供する事業である。このような中小企業政策を上手に活用し、少しでも電動化の波に乗る努力が下請中小企業に求められてくる。

ここで、電動化の波をうまくとらえたパターン１の中小企業３社の例を紹介したい。

まず、四輪車向け鍛造ギア製品の部品加工を行うTier 2 企業のX社の例である。Tier 1 企業が手がける部品には、最終的にエンジン搭載部品も含まれることから、同社が手がける加工部品点数も減少の可能性がある。一方で、そのTier 1 企業はEVシフトにいち早く対応しており、当該部品の加工もX社が手がけることから、「今後、緩やかにエンジン関連部品の加工が減少し、EV向け部品加工が増える見込み」であるという。

ただし、Tier 1 企業のEVシフトに対応するだけでは自社の事業拡大は望めない。製品電動化への対応として、「試験要件など仕様が複雑化したことへの対応」がTier 2 である同社にも求められている。また、電動化が進む車両は、内燃機関車と比べると全体としてコストが高い。部品加工を担う同社もこのコスト増加分を少しでも圧縮すべく、従来以上のコスト低減に向けた活動を意識しなければならないという。

次に紹介するY社は、自動車部品のダイカスト金型製造に携わっており、Tier 3 の位置にある。同社は電動化、EVシフトに向け金属3Dプリンターを導入し、新加工法の確立や金型構造の開発などに余念がない。Tier 2 企業からの要求に応えるだけではなく、機能の提案を行う発想力が今後の強みになるとの考えのもと、EV以外の電動車の展開も望まれる自動車・モビリティ市場にいち早く対応できる体制を自社で整えている。

また、自動車部品に直接かかわらなくとも、その産業構造において重要なプレイヤーとなっている中小企業も多い。例えば、工作機械の製造販売を行うZ社は、これまで自動車部品向け工作機械を開発、生産してきた。同社は電動化の流れを見据え、EV向けモーターコアなど、EV部品の大型化に注目した。金型が大型になっても加工精度を変えず、品質を維持する取り組みが必要になると考え、金型素材の変化に対応するなど、今後の産業、製品変化を見越した戦略を打ち立てている。

以上のように、下請企業の立場でも電動化を受けて加工コストの減少、製品の高付加価値化などに動く企業も確認される。電動部品そのものを開発、生産することが下請中小企業に求められる役割ではない。むしろ、電動化による高コスト化を少しでも抑えるような取り組みなど、従来の下請中小企業が得意としてきた分野をより拡大することにより、日本の電動車の魅力が一層増すと考えたい。

（2）カーボンニュートラルへの対応

次にみていくのは、そもそもの電動化の大きな背景だ。世界全体でEVをはじめとした電動化が求められるのは、すなわちカーボンニュートラルが強く求められているからにほかならない。日本も2050年までに、温室効果ガスの排出量を全体としてゼロにするという目標を掲げている。

二酸化炭素を多く排出する輸送部門として、日本の完成車メーカーは前述のように電動車の投入に熱心であり、加えてその生産工程においても電力や燃料といったエネルギー使用量の低減や二酸化炭素排出量の削減に取り組んでいる。

表４－７　自動車関連企業に求められるカーボンニュートラルへの対応

1　製品の設計・開発段階における取り組み
　①　完成車メーカーが取り組む電動車の市場投入計画に、部品メーカーの立場から参加、協力する
　②　LCA（Life Cycle Assessment）の業界標準化に取り組む
　　・部品軽量化　　・部品性能、効率の向上　　・新システム、新素材の開発等
2　製品の生産段階における取り組み
　①　完成車メーカー、部品メーカーから収集される各種二酸化炭素対策情報や省エネ技術の共有化
　②　再生可能エネルギーの導入
3　廃車時のリサイクル性向上への取り組み
　①　製品の設計開発段階からリサイクル性を考慮する
　　・製品の分解性、材料識別、再利用等の改善
　②　使用済み自動車のリユース、リサイクル技術の開発
4　産業廃棄物の削減
5　水資源の有効活用
6　環境負荷物質の管理
　①　製品含有化学物質の管理
　　・サプライチェーン上での効率的管理に向けた統一データシートの活用
　②　生産に関わる化学物質の管理
　　・PRTR（Pollutant Release and Transfer Register＝化学物質排出・移動量届出制度）対象物質の自主管理・削減への努力
　　・VOC（Volatile Organic Compounds＝揮発性有機化合物）の使用量削減、回収再利用等による排出量削減・増加抑制への努力
　　・海外での法規制の制定、改正の把握
　③　環境効率の追求
7　環境マネジメントシステムの構築・レベルアップ
　①　ISO14001など環境マネジメントシステムの構築・レベルアップ
　②　調達部品、資材等の仕入先に対するグリーン調達の推進

資料：日本自動車部品工業会『(一社）日本自動車部品工業会における第９次「環境自主行動計画」』(2021年）をもとに筆者作成

表４－７は、国内部品メーカーの多くが会員となっている日本自動車部品工業会が示す「環境自主行動計画」を示したものである。同表に整理したように、自動車産業においては大きく７つの項目でカーボンニュートラルへの対応が求められている。同産業のサプライチェーン上、企業がどこに関与するかによって求められる対応は異なるが、上の階層に位置するに従い、多くの項目への対応

が求められるのは確かだろう。

まず、完成車メーカーや大手部品メーカーの環境対応への取り組みをみていこう。2050年のカーボンニュートラル実現に向けて動きだした日本では、大手企業が中心となって国の方針に追随している。海外に展開するグローバル企業には、その社会的影響力の大きさから、協力企業も含めた環境対応、法令順守などに配慮する企業行動が求められている。

一例を挙げると、Tier 1 企業のデンソーは、「サプライヤー・サステナビリティガイドライン」を策定し、Tier 2 に当たるすべてのサプライヤーと共有している[11]。当ガイドラインに基づき、定期的に「自己診断シート」によるセルフチェックを行うことをサプライヤーに課し、2021年度はグローバル主要サプライヤー約1,200社（同社の調達金額の約50％）に自己診断を促したという。また、各サプライヤーには自社のサプライヤー（つまり Tier 3 以下のサプライヤー）にも同様の取り組みを展開するよう促している。

他方で、産業全体においてカーボンニュートラルを目指すには、サプライチェーン上の全企業がその活動に前向きに取り組む必要がある。ここではデンソーを例示したが、トヨタ、ホンダ、日産など完成車メーカーのなかにも同様の指針を示す企業がある。そしてサプライチェーン全体として、二酸化炭素の排出削減を目指す際、下請中小企業にも当然のようにその取り組みが求められる。

11　デンソーの「サプライヤー・サステナビリティガイドライン」では環境マネジメントシステムだけではなく、安全・品質や人権といった項目も含まれる。「環境」はその大きなトピックの一つであり、そこには「温室効果ガスの排出削減」のほか、「大気・水・土壌等の環境汚染防止」「省資源・廃棄物削減」「化学物質管理」などが求められている。

一方で、企業規模が小さい中小企業のなかには、「自社単独での対応は難しい」、そして電動化に向けた取り組みと同様に「二酸化炭素の排出削減に向けて具体的にどのように取り組めばよいか、考える余裕がない」という企業は多い。その展開のために何かしらの投資をしなければならない場合もある。余力に乏しい中小企業にとって、対応は難しいのが正直なところだろう。ほかにもTier 1中小企業のなかには、完成車メーカーから取り組みを進めるように指示があり、「まずは自社の方針を示すように」と言われた企業もある。同社は何から着手すればよいのか、戸惑いの色を隠さなかった。

図4－3は商工中金が行った「中小企業のカーボンニュートラルに関する意識調査（2021年7月調査）」の結果の一部である。ここに示されるように、カーボンニュートラルの影響に対して取り組みを「実施している」企業や、「検討している」企業は、年商が少なくなるほどその割合も低くなる[12]。一般的に、年商が少ない企業ほど取引構造の下層に位置し、自動車産業を支えているという構図となる。こうした中小企業が、カーボンニュートラルに対応できる素地をつくっていくことが肝要だろう[13]。

12　調査対象がより小規模で、質問の形式は異なるものの、第1章で紹介された日本政策金融公庫総合研究所「中小企業の脱炭素への取り組みに関する調査」（2022年8月）の結果からも、同様の結果が得られている。図1－9（p.37）および図1－15（p.44）を参照されたい。

13　多くの中小企業が環境対応への取り組みに消極的とみられる点は、認証取得の少なさにも表れている。特に中小企業になじみがある認証は、ISO14001やエコアクション21、エコステージといった環境マネジメントシステムだが、その対応は一部企業に留まる。例えばISO14001よりも認証、取得に進みやすいエコアクション21ですら、2021年末時点での累計登録件数は7,500件弱である。エコアクション21の登録件数のみで概観することは早計だが、中小企業が取り組みやすいエコアクション21でもこの件数に留まる実態は、自動車産業における下請中小企業がこれらの取得に消極的であることを推察させる。産業界を挙げてカーボンニュートラルに向けた対応を展開するためには、中小企業にもより細やかな対応を進める必要があるだろう。

図４－３　中小企業のカーボンニュートラルの影響への方策検討状況（年商別）

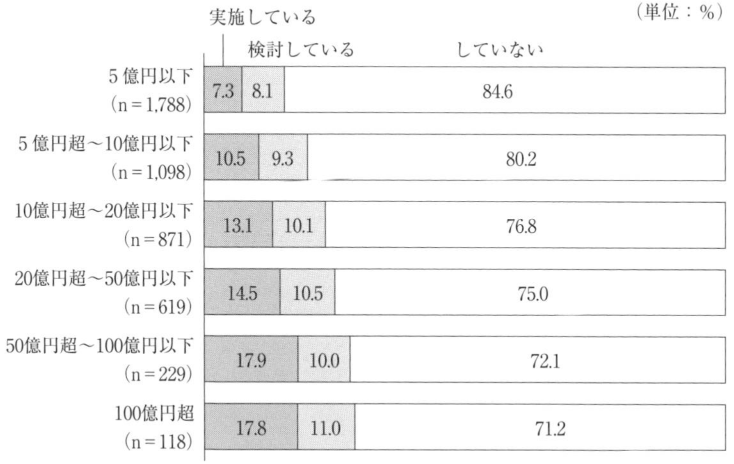

資料：商工中金「中小企業のカーボンニュートラルに関する意識調査（2021年７月調査）」をもとに筆者作成

5　脱炭素化を受けて変容する自動車産業

（１）CASE、MaaSを受けた構造変化

　これまでにみてきたように、脱炭素化の動きは完成車メーカーのみならず自動車産業にかかわる全企業に影響する。ただし、自動車産業を取り巻くのは電動化への対応だけではない。CASEやAIに関する新たな技術は、これまでの自動車産業がカバーしてきた技術領域をより幅広にすることを求めている。電動化だけではなく、さらなる研究開発に着手するには、莫大なコストを要する。そのため、完成車メーカーが選んでいるのが、一社単独でそれを担うのではなく、他社との連携を行うという方法である。

なかには企業間連携だけではなく、例えばM&Aという手法を採るパターンもあり、従来の自動車産業にみられた横のつながり、縦のつながりがとても複雑化している。これまでの産業構造を変化させるほどの動きが展開されているのだ。これらの企業が織りなすのは、次の自動車産業、モビリティ産業に向けた新たな産業構造である。これまでの自動車産業は、ある完成車メーカーが頂点に立ち、さまざまな部品メーカーと相互に関連し合って「自動車」をつくり上げてきた。しかし、電動化を含むCASEを受けたそれは、完成車メーカー同士も見えない（が、太い）パイプでつながれ、部品メーカーのなかには完成車メーカーと対等の立場で取引を行う構図をも内包すると筆者は考える。この構造の一部を考察してみよう。

CASE時代において、新たな自動車産業構造を成す一つ一つの「要素」たる企業は、従前のプレイヤーだけではなく、新たに参入してきたプレイヤーも加わる。これらプレイヤー同士の連携パターンはさまざまであり、その結果としてCASE時代における複雑な製品、技術への対応を可能にしていくものと考えられる。これらプレイヤーのなかには、「自動車関連企業同士の提携」や「自動車関連企業と異分野企業との連携」といった電動化の影響による企業間連携のあり方と同様のかたちを採る企業もあれば、「異分野企業（単体）からの参入」「さまざまな技術を有するサプライヤー同士の大連携」「ベンチャー企業・スタートアップ企業」といったかたちを採る企業もある。

数ある参入パターンのなかでとりわけ注目を集めたのは、「さまざまな技術を有するサプライヤー同士の大連携」だろう。2021年

３月、台湾の鴻海《ホンハイ》精密工業（以下、鴻海）がEV事業への参入を表明したことに顕著である。鴻海は2016年にシャープを買収した世界最大のEMS（Electronics Manufacturing Service＝電子機器製造受託サービス）企業で、スマートフォンや薄型テレビなどの受託生産を主としているが、その企業がEVに参入すると発表した。

同社が目指すEVビジネスモデルは、EV開発用のオープンプラットフォームをEVメーカー向けに提供し、その生産を大量受託するというものだ。このモデルの軸となるプラットフォームを同社は「アンドロイドカー」と称している。Googleがスマートフォンメーカーに無償提供する基本ソフト（アンドロイド）と同様に、鴻海が無償でEVプラットフォームをEVメーカーに提供し、EVメーカーから組み立て生産を請け負うことで成立するビジネスモデルである。このプラットフォームには、「車両開発の骨格となるシャシー（車体）の細かい寸法や規格のほか、自動運転などに使う高速通信規格（５G）対応の細かい通信規格」[14]などが含まれるという。これらが提供されることにより、EVメーカーはEVの外観デザインなど自社の味付けを加えれば完成形をみることができる構図である。

そして鴻海の発表からひと月半ほど遅く、EV用モーターで知られるニデック（旧・日本電産）も、「EV生産20社連合」へと舵を切った。同社は2021年３月末に世界最大のモーター工場を中国遼寧省に完成させた。この工場を中心に、近隣にEV関連部品を手がける企業を集積させる「サプライヤータウン」構想を打ち立てたのである。日本の完成車メーカーでは、海外の工場の近くにサプライ

14　「日本経済新聞」2021年３月26日付朝刊を参照。

ヤーパークを設けるといった動きがみられるが、これは製品をともにつくり上げるための集積ではなく、物流コストの低減などを系列のサプライヤー同士で取り組むことを目的としたものである。一方、このニデックの構想はそれとは異なり、EVという製品をターゲットに据えた新しい取り組み、試みといえよう。鴻海はiPhoneを大量に生産するサプライヤーとして、ニデックは自動車部品のサプライヤーとして、それぞれ完成品企業を支える企業だったが、EV時代になると完成品企業として躍り出たのだ。

そして、「ベンチャー企業・スタートアップ企業」は、特に中国EV市場に顕著である。中国では多くのEVベンチャーが産声をあげており、参入してわずか数年で株式市場に上場するなど、なかには急速に力をつけている企業もある。例えば2014年に設立した上海蔚来《ウェイライ》汽車（NIO）は、2018年から2022年にかけて1.3万台、2.0万台、4.5万台、9.3万台、13.7万台とEV販売台数を着実に伸ばしている[15]。世界に先駆けて量産EVを手がけた日産のデータを確認すると、同社のEVである「LEAF」の同年の販売台数は、それぞれ2.6万台、2.0万台、1.3万台、6.2万台、5.6万台だった。日産のように自動車の大量生産を長く続けてきた企業が、EV分野では新興メーカーに追い越されたという見方ができるだろう。

中国新興EVメーカーの跳躍の背景には、「資金調達」が大きく左右している。彼らは中国の地方政府からの出資だけではなく、巨大IT企業のTencentなどから多額の出資を受けており、その莫大な資本金を研究開発や人材確保に充て、世界最大のEVメーカーとなったTesla（米国）を追い越そうとしている。Teslaを中国ベン

15　販売台数はマークラインズによる。

チャーが追いかける構図が今のEV市場だろう。

もちろん、日本のベンチャー企業の活躍にも目を向けたい。FOMMは神奈川県に本社を置くEVベンチャーで、日本ではなくタイ市場で参入を進めてきた。タイでは初めてのEV量産工場を設立したのも同社である。しかし、日本のEVベンチャーは中国ベンチャーやTeslaのように、急速に市場シェアを大きくするには至っていない。このテーマについては、日本のEV政策やモビリティ政策にも強くかかわっており、筆者も研究課題の一つとして重点を置いている。また別稿にて論を展開したい。

（2）トヨタの取引先変化にみる下請企業の多様化

以上のように、CASE時代における自動車産業構造の「構築期」には、前述のようなプレイヤーの参入が相次ぐ。もちろん、今後の技術、製品の進化によっては異なる形態の参入や異業種からの参入があり得よう。なかでも注目したいのは、従来は自動車産業のプレイヤーとして考えられてこなかった企業群である。例えばCOVID-19の影響によりサプライチェーンの問題が顕在化した半導体や、今後の自動車の「知能」を司るソフトウエアなどの業種の企業である。自動運転やネットワークへの接続といったCASEの中心は情報通信技術にあり、それは機械系であるハード産業に対して、ソフト産業のくくりにある。公的統計では自動車産業から離れたこれらの業種、企業を自動車産業としてどのようにとらえていくか考える必要があるだろう[16]。

そして、本章では触れないが、サービス産業からの参入も可能性

16　機械振興協会経済研究所（2021）に詳しい。

として考えられる。CASEだけではなく、移動者へのサービスに軸を置くMaaSでは、コトづくりが重視される。そこで活躍が期待されるのは製造業企業だけではなくサービス業にかかわる企業群であり、彼らが鴻海やニデックといった大手企業と組んで新たなサービスを搭載したユニークなEVを上市する可能性すらある。

このように、自動車「産業」は大きく変化しながら「業界」としての中身を劇的に変化させている。その変化の中心にあるプレイヤー企業の入れ替わりも今後はより激しさを伴う可能性が否めない。それは、トヨタグループの下請企業の業種変化に顕著である。表４－８が示すように、2014年からわずか７年でソフト受託製造企業が下請企業数として増加している点に注目したい。自動車部分品製造企業も増加傾向にあるが[17]、増加率で比べるとソフト受託製造企業の方が急増している。ここでの「ソフト受託製造」とは、カーナビゲーションシステムなど外部と車両を無線通信でつなぐ情報系システム、車の制御システムなど、車両内のシステムに搭載される車載ソフトウエアが主とみられる。

現時点では、トヨタグループの下請企業としてソフトウエア関連企業が増加しているが、この傾向がどこまで続くのかは、トヨタの自社開発の進捗と照らし合わせる必要がある。下請企業の変化という視点に戻すと、自動車産業という機械産業（ハード）の王様のような業種にソフトウエア関連企業がかかわるとなると、今後の協力企業の業種はよりバリエーションに富むかもしれない。今後の自動車産業にはモビリティの多様化、AIだけではなくVR（Virtual

17　ここでは推測の域を出ないが、自動車部分品製造企業が増加している背景にも電動化の影響が強いと考えられる。

表４－８　トヨタグループの１次下請企業数（業種細分類別）

（単位：社）

業　種	2014年	2019年	2021年
自動車部分品製造	221	259	261
ソフト受託製造	195	267	296
金型・同部品等製造	183	217	225
産業用電気機器卸	166	190	200
労働者派遣業	105	177	186
精密機械器具卸	102	135	138
金属工作機械製造	99	114	111
金属プレス製品製造	97	128	133
工業用樹脂製品製造	92	110	115
自動車操縦装置製造	91	99	101

資料：帝国データバンク「『トヨタ自動車グループ』下請企業調査（2021年）」をもとに筆者作成

（注）１　トヨタグループ（トヨタと同社の国内製造子会社、持分法適用関連会社など計15社）と直接的に取引を行う企業の数。

２　2014年調査時点での上位10業種。

Reality＝仮想現実）技術の活用などの展開も予測されている。これら新しい技術にもソフトウエアの存在はかかせない[18]。

加えて、車そのものに搭載されるソフトウエアだけではなく、車両を生み出す生産工程でのIT技術の活用も拡大するだろう。車両の開発は数年単位で行われるが、シミュレーション技術を生かして

18　報道によれば、トヨタは2025年には自社が開発を進める車載用基盤ソフトを実用化し、ほかの完成車メーカーにも販売する模様といわれている（「日本経済新聞」2022年１月４日付朝刊を参照）。車１台当たりのコストに占める車載ソフトウエア割合は増加傾向にあるなかで、例えば米国の民間調査会社は、その割合は2000年には20％だったところが、30年には50％まで高まる見通しを立てている（「日本経済新聞」2022年１月４日付朝刊を参照）。そうなると、車の付加価値はもはやエンジン（EVであればバッテリーやモーター）などのハードからソフトに移るといっても過言ではない。そうなる前に、トヨタや前述したVWなどの完成車メーカーはソフトウエアを外注するのではなく自社でつくる体制を整え、付加価値の多くを自社に残す構えとみられる。

開発期間を削減する動きがここ数年顕著である。この技術を転用し、より多様化する消費者ニーズにいち早く対応するための車両生産のあり方など、さまざまなところで新たな技術の導入が期待される。そうなると、「下請」企業の定義を超えた企業間取引のあり方が新たな自動車産業に顕在化してくるかもしれない。

（３）完成車メーカーへの参入を図る動き

次にみていきたいのは、完成車メーカーへの参入を図る企業事例である。これらは大きく「①既存企業のEVメーカー化」と「②ベンチャー企業としての参入」の二つに区分できる。

まず、「①既存企業のEVメーカー化」の代表例が、先にも紹介したニデック（旧・日本電産）である。同社は、電動パワステ用モーターやエンジン冷却用モーターといった、車載用モーターを開発、生産している企業である。元来、モーターの分野でシェアを高めてきた企業ともいえよう。同社がEV市場に積極的なのは、EVの駆動にかかる駆動用モーター（トラクションモーター）を開発、生産し始めたころから顕著になってきた。同社の駆動用モーターは、まず中国企業の量産EVに採用され、2022年11月現在で中国５カ所と欧州２カ所で生産されている[19]。

同社は、2019年にEV用プラットフォーム事業への参入を表明しており、2025年にはそれを実現する模様だ。「EV化にともない自動車自体の部品点数が減っていくなかで、多くの自動車部品を手

19　マークラインズによる。なお、同社は2023年度以降にはメキシコにも駆動用モーターの生産工場を建設予定で、2026年３月までに全世界の駆動用モーター生産能力を700万台にする計画を立てているという。

がける NIDEC としてはプラットフォーム事業によってビジネスを広げる狙い」があることを同社のホームページでうたっている[20]。

このプラットフォーム事業は、従来、自社ならびにグループ企業で扱ってきたモーターシステムやセンサ、ブレーキシステムなどを組み合わせ、未参入の領域はほかの部品メーカーと協業したうえで、EV のプラットフォームを提供することを狙いとしている。ニデックが自社ブランドとして EV を販売するのではなく、プラットフォームを他社（他者）に販売し、それを購入した事業者が好みのシートやインストルメントパネル（インパネ）を搭載して完成車に仕上げるイメージである。この発想は先の鴻海と同じものだが、大きな違いは、鴻海は EMS として電子機器の生産工程を請け負う事業を主としていたのに対し、ニデックは自動車搭載部品の開発、生産までも担ってきたところだろう。

大手企業であるニデックのように、EV メーカーとして戦略的に工程を描く道のりを、必ずしも多くの企業が容易にまねることはできない。同社はこの事業を「かつて流行したミニ四駆のように実際の自動車が組み立てられる時代を NIDEC がつくっていく」と表現するが、それは自動車産業にかかわってきた企業として、つくり込みの難しさ、品質の厳しさなども熟知したうえでの言葉だろう。

ただ、中小企業だからといって EV 市場、産業に挑戦できないわけではない。「②ベンチャー企業としての参入」の例は日本でもみられる。そのなかでもユニークなものとして注目されたのが、商用 EV 市場に参入を果たしたケースである。カーボンニュートラルに

20　ニデックホームページ（https://www.nidec.com/jp/brand/tech/ev/）を参照。なお、正式社名はニデックだが、ホームページ内では NIDEC と表記されている。

表４－９　国内EVベンチャーの事業概要

企業名	設立年	概　要
ASF (東京都)	2020年	・柳州五菱汽車（中国）が生産した車両を輸入し、日本仕様にして販売 ・軽商用EV7,200台を佐川急便に供給
フォロフライ (京都府)	2021年	・東風小康汽車（中国）が生産した車両を輸入し、日本仕様にして販売 ・2030年までに小型EVトラック１万台をSBSホールディングスに供給
EVモーターズ・ジャパン (福岡県)	2019年	・中国完成車メーカーが生産した車両を輸入し、日本仕様にして販売 ・電動トライク（三輪車）やグリーンスローモビリティも手がける

資料：機械振興協会経済研究所「『将来型モビリティ』創造に向けた価値構築」(2018年)、企業ホームページ、筆者によるヒアリング調査、各種報道資料をもとに筆者作成
(注) グリーンスローモビリティは、時速20km未満で公道を走行することができる電動車。

向けて、多くの物流企業はビジネスツールである「クルマ」の電動化を迫られている。しかし、国内の商用EV市場は車種のバリエーションに乏しく、加えて高額であるという難点を抱えていた。物流業界では仕事を大手企業が下請企業に依頼するケースが多いが、その大半が中小企業である。これらの企業に高額なEV導入を求めるのは現実的ではない。しかし、発注元（荷主）はサプライチェーン全体の脱炭素化を求めているとなると、モノを運ぶ場面から二酸化炭素の排出削減に向けた何かしらの策を講じなければならない。

この問題への対応策を打ち出したのが、国内のベンチャー企業である（表４－９）。例えばASF（東京都）は、2020年に物流大手の佐川急便と軽商用EV開発に向けた基本合意の締結に至った。2021年には、佐川急便は近距離の集配用に使用している約7,200台の軽商用車をすべてEVに切り替える計画を発表している。ここで目をひいたのはASFというベンチャー企業がファブレス (Fabless)

の立場で EV 市場への参入を果たしたことである。ファブレスとは工場をもたない業態を意味しており、自社では生産設備をもたず、製品開発や企画などの一部工程に携わる製造業者としての活動を主とする。ASF は中国で販売されている商用 EV を日本に輸入し、安全機能などを日本の法規格に適合させたかたちで付け加え、国内物流企業に販売するビジネスモデルを採った。同様のビジネスモデルとしてフォロフライ（京都府）も商用 EV を、EV モーターズ・ジャパン（福岡県）は EV バスを、両社とも中国から輸入し、日本仕様に改良するかたちで参入している。ここでのビジネスのあり方は、上市済み EV の存在がキーになっている。これらベンチャー企業は日本仕様にカスタマイズする企画を担うもので、自社としてゼロからの開発、生産にはかかわっていない。しかし、これまで説明してきたように下請中小企業でもカーボンニュートラル対応が必須の今日において、商用 EV というニッチ市場に着目したビジネスモデルは、日本の停滞する EV 市場や、同市場・産業を志向する国内中小企業にも多くの示唆を与えるものである。

6　おわりにかえて―Tier 2 以下の下請中小企業に求められる役割―

脱炭素時代において、そして CASE 変革期において、日本の自動車産業は大きく変容しようとしている。本章で概観したように、それは電動化といった技術のあり方や、産業への参入モデルなどにも影響する。このなかで、われわれは下請の立場で産業にかかわる中小企業をどのようにみるべきなのか。

これまで稼ぎ頭としてみられてきた日本の自動車産業に対して、国は多様な産業政策を展開し、自動車産業集積地の自治体は域内への企業の参入支援を続けてきた。日本には中部地域をはじめとし、関東、東北、中国、九州に完成車工場があり、そこには自動車産業の拡大期からサプライチェーンにかかわってきた中小企業もあれば、他産業から自動車産業へのシフトを図ってきた中小企業もある。しかし、他国に先駆けて高齢社会に突入した日本では国内の自動車販売台数が緩やかに減少していくことは自明であり、中小企業が国内の自動車産業のみで今後の長期的戦略を立てるのは難しい。部品取引構造をみても、海外企業の台頭は軽視できず、国内中小企業は常に価格競争、品質競争にさらされている。誤解を恐れずにいえば、内燃機関時代の「自動車産業」の中小プレイヤーは、飽和状態なのかもしれない。

そのなかで、CASE 技術への対応、脱炭素化への取り組みといった新たな要請は、多くの企業にとって脅威となるのか、それともビジネスチャンスとしてとらえられるのか。その解はもちろん、各々の企業の判断による。繰り返しになるが、脱炭素化に向けて、自動車産業のサプライチェーン全体での対応が急務であり、今後は下請中小企業にもその流れは強まってくる。また、CASE 時代に求められる技術、人材（人財)、品質、コストといったさまざまな壁に、どれほどの中小企業がこれまで培ってきた「財産」で乗り越えられるのだろうか。新市場のすき間に旨味を見いだす新興企業がどれほど誕生するのだろうか。「Tier 2 以下の下請中小企業に求められる役割」と本節に副題を付けたが、その役割は多様である。これら中小企業が CASE 時代の自動車産業をさまざまな切り口でつくり上げていくかたちも想定できるからだ。

繰り返しになるが、中小企業に割り振られた役目は一つではない。この新時代に向けて求められるのは、大手完成車メーカーの手による新しいモビリティ製品だけではないのと同様である。新たな技術、新たな生産体系、新たな企業、新たなビジネスモデルといった Something New をつくり出す。それが日本の中小企業にとっての「新たなビジネスチャンス」となることを強く期待したい。

参考文献

機械振興協会経済研究所（2021）『カーエレクトロニクスにみる機械業種間関係の深化―ボーダレス化の進展―』

第5章

脱炭素に向けた再生可能エネルギー活用と地域の対応

千葉大学大学院社会科学研究院
教授　倉阪 秀史

本章は、当研究所発行の『日本政策金融公庫論集』第59号「脱炭素社会に向けた政策と地域的な対応―中小企業参入の可能性―」(2023年５月）の一部に手を加えて再掲したものである。

1　脱炭素社会とはどのような社会か

（１）求められる二酸化炭素ダイエット

脱炭素とは、人の活動に伴って発生する温室効果ガスの排出量と吸収量を均衡させ、ネットでの人為的な排出量をゼロにすることを意味している。地球温暖化の深刻化を背景に、この脱炭素を目指す動きは、世界的なものとなってきた。

わが国でも、菅義偉《すがよしひで》首相（当時）が、2020年10月の所信表明演説のなかで、「わが国は、2050年までに、温室効果ガスの排出を全体としてゼロにする、すなわち2050年カーボンニュートラル、脱炭素社会の実現を目指すことを、ここに宣言いたします」と、脱炭素への政府の方針を表明した。地方でも二酸化炭素排出実質ゼロを表明する自治体が増えており、脱炭素に向けた動きは全国に広がっている[1]。

脱炭素社会を2050年に実現するためには、何をすべきだろうか。地球温暖化という問題は、18世紀後半に始まる産業革命以来の人類社会のあり方に根差す問題である。ジェームズ・ワットが内燃機関の実用化に成功して、人類が利用できるエネルギー量が格段に増加した。このことと引き換えにして、大気中に大量の二酸化炭素が排出され、地球の温暖化が引き起こされた。

1　環境省は、2050年までに二酸化炭素排出実質ゼロを表明する自治体を増やそうと働きかけており、2023年３月31日時点で46都道府県、888市区町村（531市、21特別区、290町、46村）が「2050年までに二酸化炭素排出実質ゼロ」を表明した。表明した自治体の人口を合計すると約１億2,577万人になったとしている。詳細は環境省「2050年二酸化炭素排出実質ゼロ表明自治体」（2023年３月）（https://www.env.go.jp/policy/zerocarbon.html）を参照。

化石燃料に依存することによって発生する地球温暖化は、人体にたとえれば、カロリー過多の食品を取りすぎて発生する慢性病のようなものである。地道な体質改善を図ってダイエットすることがその対策となる。食べすぎない（省エネルギー）、低カロリー食品を選ぶ（代替エネルギー）、運動して贅肉を減らす（吸収・固定）といった取り組み（二酸化炭素ダイエット）が必要なのだ。

（２）我慢する省エネルギーから構造的な省エネルギーへ

脱炭素社会に向けて、まず行うべきは省エネルギーである。その際に留意すべきは、我慢する省エネルギーを市民に強いるべきではないということだ。適切な設備投資を行うことによって、構造的な省エネルギーを進める必要がある。

日本では、一次エネルギー投入の多くが廃熱（損失）となって捨てられている（図５－１）[2]。適切な設備投資は、この廃熱を有効に利用する方向で、なされなければならない。有用エネルギー分を節約する方向は、経済活動を縮小させるため、産業政策としても望ましくないといえる。

図５－１により1970年代から90年代にかけてのエネルギーフローの変化をみると、電化が進むことにより発電部門における廃熱が増加し、燃料用（非発電用）の省エネルギー効果を相殺していたことがわかる。消費地から離れた火力発電所で電気を起こして消費地に運ぶやり方は、発電時に出る大量の熱を利用することができない。最新鋭のコンバインドサイクル発電でも発電効率は60％程度

2　筆者が把握しているなかでは最新の、図５－１に示した1997年度のデータでは、一次エネルギー投入の約３分の２が廃熱となって捨てられていた。

図５－１　わが国におけるエネルギーフロー

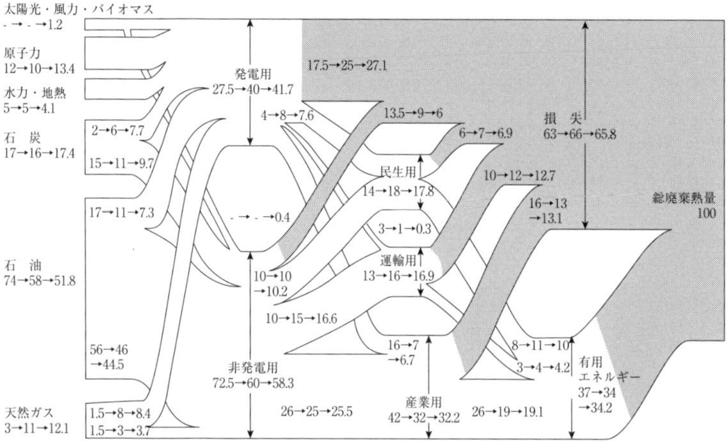

資料：環境省編（1994）、堤敦司「エクセルギーとコプロダクションの原理」（2008年２月）（https://www.energy.iis.u-tokyo.ac.jp/html_seminar/20080229/20080229tsutsumi.pdf）をもとに筆者作成

（注）１　数字は総廃棄熱量を100とした場合の熱量。それぞれ左から、1975年度、1992年度、1997年度のデータである。

２　1975年度と1992年度は、太陽光・風力・バイオマスのデータがない。

であり、送電ロスも５％程度発生する[3]。このため、集中的なエネルギー供給から、分散的なエネルギー供給に切り替えることが求められる。具体的には、消費地に近いところで熱と電気を一緒に供給する、熱電併給（コージェネレーション）を計画的に導入すべきである。熱電併給によって熱が有効に利用できれば、総合的なエネルギー効率は75％から80％になるといわれている[4]。

熱電併給を都市域において普及させるためには、蒸気や温水など

3　コンバインドサイクル発電は、ガスタービンと蒸気タービンを組み合わせた発電方式。詳細は電気事業連合会ホームページ（https://www.fepc.or.jp/enterprise/hatsuden/fire/combined_cycle/）を参照。

4　一般財団法人コージェネレーション・エネルギー高度利用センターホームページ（https://www.ace.or.jp/web/chp/chp_0030.html）を参照。

の熱媒体を輸送する熱導管の敷設が不可欠である。例えば、将来にわたってにぎわいを確保すべきコンパクトシティの核となるエリアを指定し、そのエリアの熱供給は熱導管から行われるべきことを定めるとともに、熱導管を都市計画上の都市施設として計画的に敷設を進めなければならない。当面は、天然ガスを利用するガス・コージェネレーションを活用するとしても、2050年までに、バイオマス・コージェネレーションなどの再生可能エネルギーを利用したものに切り替えていくことも可能である。熱導管の実耐用年数は70年といわれているので、2050年以降もそのまま使えるからだ。

民生部門における省エネルギー投資としては、建物の消費エネルギーと生産エネルギーを均衡させるゼロ・エネルギー化がポイントとなる。国土交通省の「脱炭素社会に向けた住宅・建築物の省エネ対策等のあり方検討会」が取りまとめた報告書（2021年８月）では、2030年には、新築住宅・建築物においてネット・ゼロ・エネルギー・ビル（ZEB）、ネット・ゼロ・エネルギー・ハウス（ZEH）が標準となるべきこと、2050年には、ストックベースで住宅・建築物におけるゼロ・エネルギーが確保されることを目標としている[5]。

また、冷蔵庫などの耐久消費財も、省エネルギー型への切り替えを進めることが必要である。冷蔵庫については、新しく販売されているものは、10年前のものと比較すると、エネルギー消費量がほぼ半減している[6]。「冷蔵庫を開けっぱなしにしないようにしよう」

5　報告書（https://www.mlit.go.jp/jutakukentiku/house/content/001419721.pdf）では、ネット・ゼロ・エネルギー・ビル（Net Zero Energy Building）の略称はZEB、ネット・ゼロ・エネルギー・ハウス（Net Zero Energy House）の略称はZEHが使用されている。

6　環境省のCOOL CHOICEホームページ（https://ondankataisaku.env.go.jp/shinkyusan/）を参照。

と呼びかけるよりも、「古い冷蔵庫は買い替えましょう」と呼びかける方が、省エネルギー効果が大きいうえ、経済の活性化にも寄与する。

運輸部門においては、ガソリン車・ディーゼル車の販売が禁止されていく方向にある。2021年１月に、当時の菅首相が施政方針演説において、日本において「2035年までに新車販売で電動車100％を実現する」と表明した。日本で使用される自動車は、2050年までに電気自動車などの非内燃機関車に切り替わっていくこととなろう。

（３）二酸化炭素排出量の少ない代替エネルギー源への転換

①　二つに分類される代替エネルギー源

脱炭素社会に向けて、次に求められるのは、二酸化炭素排出量の少ない代替エネルギー源への転換である。この際、代替エネルギーについては、さまざまなシナリオを描き得る。エイモリー・ロビンズに倣えば、ハード・エネルギー・パスとソフト・エネルギー・パスに大別することができるだろう（Lovins, 1977）。

ハード・エネルギー・パスとは、核エネルギーを基盤とする新しい技術開発によって問題を解決しようとするもので、ソフト・エネルギー・パスとは、再生可能エネルギーの活用を基盤として問題を解決しようとするものである。

政府のGX（グリーントランスフォーメーション）実行会議が2022年12月に公表した「GX実現に向けた基本方針～今後10年を見据えたロードマップ～」では、代替エネルギーについて、ハード・エネルギー・パスと、ソフト・エネルギー・パスの二つの方向が混在している[7]。このロードマップには、「過去、幾度となく安定供給の危機に見舞われてきた我が国にとって、産業革命以来の化石エネルギー中心の産業構造・社会構造をクリーンエネルギー中心へ転換する、『グリーントランスフォーメーション』は、戦後における産業・エネルギー政策の大転換を意味する」と記されており、14項目にわたる今後の対応が列挙された。そのなかで、「再生可能エネルギーの主力電源化」に並んで、「原子力の活用」が位置づけられたのである。

そして、「カーボンプライシング導入の結果として得られる将来の財源を裏付け」にして、「新たに『GX 経済移行債』を創設し、これを活用することで、国として20兆円規模の大胆な先行投資支援を実行する」とされている。この20兆円の原資をハード・エネルギー・パスとソフト・エネルギー・パスのどちらの方向に振り向けるのかが、今後の日本経済の浮沈を握る鍵になろう。

② ハード・エネルギー・パスの現状

原子力発電と核融合は、ハード・エネルギー・パスに大別される。政府は2022年８月に、それまでに再稼働した原子力発電所10基に加え、2023年夏までに７基の再稼働を目指すことを表明するとともに、グリーントランスフォーメーションの一環として、安全で小型の次世代型原子力発電の開発・新設についても検討することを明らかにした。

しかしながら、ハード・エネルギー・パスについては、科学技術

7　GX 実行会議は、内閣総理大臣が議長を務め、外務大臣、財務大臣、環境大臣と、複数の有識者から構成されている。

の限界というものが実際に存在することが、次第に明らかになってきている。

通常の原子力発電所は、核分裂炉である。核分裂炉の限界は、第１に、事故時のリスクが激甚であること、第２に、燃料のウランが枯渇性であること、第３に、高レベル放射性廃棄物の最終処分場が決まっていないこと、第４に、廃炉のコストがかかることなど、さまざま挙げることができる。

事故時のリスクが激甚なものであることは、福島第一原発の事故によって実感された。事故から10年以上経過しても、広大な地域の生活基盤が失われたままになっている。燃料のウランは枯渇性燃料である[8]。ウランの枯渇性を改善するために高速増殖炉を開発してきたが、ナトリウム利用に課題があり、フランスのスーパーフェニックスも日本のもんじゅも廃炉となった。高レベル放射性廃棄物の最終処分場は、世界ではフィンランドとスウェーデンで１カ所ずつ決定しているが、プレートがぶつかり合う不安定な地盤からなる日本の本土で、10万年の保管が可能な適地を見いだすことは容易ではない。商業用原子力発電所として日本で初めて廃炉を進めている東海原発では、2001年に廃炉措置を開始し、完了までに30年を要する予定となっている。この原発は出力16.6万kWで、一般的な原発が100万kWクラスであることを考えると小規模なものであるが、廃炉に要する費用は当初の見積もりを大幅に超える885億円と想定されている（縄田、2015）。この金額は、この原発の建設費

8　NEA/IAEA（2021）によれば、2019年１月１日時点におけるウランの既知資源量は1,807万400tU（ウラン換算トン）、2018年の世界のウラン需要は年間５万9,200tUで、現状の需要量で単純に割り算をすると136年で枯渇することになる。

用である465億円[9]を大幅に上回る。

原子力発電所の耐用年数は当初30年といわれていた。1999年に、通商産業省（現・経済産業省）が耐用年数を40年に延長し、十分な管理を行えば60年まで使用可能とした。運転停止していた期間分に限って、60年を超えても使用できるようにしようと検討が進められているが、それでも、既存の原子力発電所はやがて耐用年数を迎え、稼働できなくなっていく。

このために、政府は、既存の原発のリプレイスから検討を進め、新設・リプレイスに道を開くことによって、原子力発電を将来にわたって維持していこうという構えである。

しかし、すでに建設されている原子力発電所を再稼働させるという話と、新設しようという話はまったく異なるということを認識する必要がある。計画が立てられてから運転開始までに要する時間をリードタイムというが、原子力発電所の場合、1970年代は約7.5年、80年代は約17.5年、90年代は25年強と、徐々に延びてきていた[10]。福島第一原発の事故を踏まえると、今後の日本において、このリードタイムが短縮できるとは想定しにくい。「安全で小型の新しい」原子力発電所をこれからつくるという話は、2050年には間に合わないだろう。

現状において、世界の電力供給量の約１割が原子力発電によって供給されている。熱源・動力源なども含んだエネルギー供給全体

9　藤江孝夫「わが国の原子力発電黎明期における導入の歴史的事実と教訓—英国及び米国パートナーと協業した日本原子力発電㈱での実体験を通して—」（2019年６月）（https://inis.iaea.org/collection/NCLCollectionStore/_Public/51/015/51015548.pdf）を参照。

10　経済産業省「電気事業審議会 需給部会中間報告」（1998年６月）を参照。

では、おおむね５％である。世界的にみても、原子力発電は、今後、耐用年数を迎え運転停止される分を、中国などにおける新設分で補えるかどうかという状況ではないだろうか。また、もし世界のどこかで次の事故が起こってしまったならば、原発回帰への期待も消えてしまうだろう。

一方、核融合を用いて2050年までに脱炭素を実現しようとするのは、現実的ではない。核融合は2050年には実用化が困難と思われる技術だからである。国際熱核融合実験炉（ITER）は2035年に「実験炉」の運転を開始する予定である[11]。しかし、実験炉の後に、技術的実現可能性を検証する「原型炉」、経済的実現可能性を検証する「実証炉」をそれぞれ稼働させて、ようやく実用化に至る。とても2050年には間に合わないだろう。

核融合は、地上では起こり得ないような高温高圧の環境を人為的に実現し、それを維持することが必要となる。小規模に実現しても、規模を大きくすると、さまざまな揺らぎが発生してうまくいかない状況が続いている。また、核融合炉は通常の原発の10倍以上の中性子が発生するため、炉材が早く痛み、耐用年数が短い。このため、揺らぎが発生しないように精密に製作した炉材を運転途中で取り替えることを想定しているが、これが高コスト要因となる。核融合炉は、核分裂炉のようにメルトダウン（炉心溶融）するおそれはないものの、使用済みの炉材は、放射性廃棄物として一定期間の保管が必要になる。核融合は、決して万能な技術ではないのである。

11　ITERは、もともとInternational Thermonuclear Experimental Reactorの略だが、現在の正式名称はITER（イーター）。日本が参加するイーター国際核融合エネルギー機構（The ITER International Fusion Energy Organization）により、フランスに建設されている。

③　ソフト・エネルギー・パスの状況

では、再生可能エネルギーの活用を基盤とするソフト・エネルギー・パスで、世界経済や日本経済は回せるだろうか。

再生可能エネルギーは、太陽・月・地球といった天体のエネルギーによって、エネルギー基盤が日々更新されるエネルギー源である。現状において、太陽光発電、風力発電、水力発電、地熱発電、バイオマス発電、太陽熱利用、地熱利用、バイオマス熱利用が実用化されており、2030年代には、波力発電、海洋温度差発電、海流発電など、海洋エネルギー利用が実用化される見込みとなっている。

再生可能エネルギーの特徴として、地勢的な偏在が少ない点を挙げることができる。地熱、水力、バイオマスなどを使えない地域は存在するが、太陽光、太陽熱、風力などは、世界のどの地域でも利用することが可能である。また、分散的なエネルギーであるため、送電網のようなインフラの整備が不十分な途上国でも活用できるというメリットもある。

このような再生可能エネルギーについては、量が十分ではないのではないかという誤解がある。天然の核融合炉である太陽から地上に到達するエネルギー量は、人類が消費するエネルギー量の１万倍に相当する。狭い国土に稠密《ちゅうみつ》な経済活動を行っている日本においても、太陽光だけで現在の消費量の100倍のエネルギーが得られる[12]。

日本は、化石燃料は乏しいが、再生可能エネルギーは豊かである。降水量は世界第６位であり、国土の６割以上が森林で覆われている。世界の１割の活火山を有し、地熱資源は世界第３位である。海に囲まれ、安定的な洋上風力を活用でき、波力・海流力と

12　計算方法などは倉阪（2002）を参照。

いった海洋エネルギーも開発可能である。

環境省の委託による三菱総合研究所（2015）では、社会的技術的制約を踏まえた再生可能エネルギーのポテンシャルを2050年にすべて実現すれば、2012年の発電量の78％を賄えるという試算が示されている。2050年には人口が２割程度減少する予測であり、人口減少下での省エネルギーと組み合わせれば、十分、再生可能エネルギーのポテンシャルが存在するといえる。

再生可能エネルギーの供給量は変動することが多く、調整力としての火力発電がないと使えないという主張もある。これまで、再生可能エネルギーが供給されすぎた場合に、火力発電の炊き減らしなどで調整してきたことは事実である。しかし、火力発電でないと供給電力量を調整できないというわけではない。エネルギーを貯めて、必要に応じて放出すればよいのである。

エネルギーを貯めておく方法としては、蓄電池のように電気で貯めておく方法、揚水発電のように位置エネルギーで貯めておく方法、水素のように物として貯めておく方法、はずみ車（フライホイール）のように運動エネルギーで貯めておく方法などが、すでに使われている。太陽光や風力といった変動する再生可能エネルギーを安定的に活用するためには、このようなエネルギーを貯めておく設備、すなわち蓄エネルギー設備を計画的に設置していくことが必要となる。

エネルギーを貯めるものとしては、蓄電池と水素の二つが将来的に有望である。蓄電池を、現時点において最も安く入手する方法は、電気自動車を購入することである。最新型の電気自動車には、１家庭が３日ぐらい暮らせる程度の電気を貯めておくことができる蓄電池が搭載されている。日本では、世帯当たりの自動車保有台数は1を超えているため、自動車の電気自動車への切り替えが順調に進めば、少なくとも民生用の調整力は、電気自動車に搭載される蓄電池で十分賄える可能性がある。

調整力としては、水素のかたちで貯めておくことも重要であろう。2050年に脱炭素社会を構築する際には、電気だけでは充足することができないエネルギー需要がある。例えば、電気では大型航空機を飛ばすことができない。産業プロセスのなかでも、電気では起こすことができない高温高圧が必要な場合がある。従って、どうしてもエネルギー密度が大きい水素を活用する必要があるのだ。現状は、天然ガスの改質などによって水素をつくっているが、水素生産の際に二酸化炭素を発生させてしまう。それを抑えるには、再生可能エネルギーで生み出された余剰電力を用いて、水素を生産することが求められる。

ただ、産業プロセスに投入できる程度に水素をつくり出すためには、余剰電力の利用にとどまらず、水素生産目的での大規模な再生可能エネルギー生産設備が必要となろう。できれば、国家プロジェクトとして、遠く離れた海上に大規模な洋上風力基地を建設し、水素を生産するのが理想である。核融合のようなリスクを伴う巨大技術と比べて、より確実に実現できるからだ。

すでに送電網などのインフラが整っている国においては、遠く離れた火力発電や原子力発電から消費地に電力を供給するといった集中的なエネルギー供給から、エネルギーを分散的に供給する方向に切り替えていくための社会投資も必要となる。

例えば、日本の現状の送電網は、火力・原子力といった発電所と消費地を結ぶように設計されているが、今後は、地熱・風力などの再生可能エネルギーの適地を結ぶとともに、再生可能エネルギーによる変動を吸収するための地域間電力融通が可能なように設計し直すことが求められている。この送電網は、社会インフラとして、道路と同じように国が主体的に整備すべきではないだろうか。

以上のように、ソフト・エネルギー・パスを支える各種技術は整いつつある。2050年において、世界の主たるエネルギー供給は、原子力発電や核融合であるとは考えにくい。再生可能エネルギーが2050年の主力エネルギーとなる世界を見据えて、必要な社会的投資を行わなければならない。そして、ソフト・エネルギー・パスの分野で、日本の主力産業を興していくことが求められているのである。そこには、中小企業がかかわるチャンスも大いにあるといえるだろう。

（４）二酸化炭素の吸収・固定

①　二酸化炭素の吸収・固定利用

二酸化炭素の吸収・固定についても、ハード・パスとソフト・パスが存在する。ハード・パスは、技術的に排ガスや大気中に含まれる二酸化炭素を吸収・固定し、地層中や深海底に封じ込めようとする方向である。

日本においては、2012年から北海道苫小牧市にある製油所の水素精製に伴って発生する二酸化炭素を回収し、沖合の地層に貯留させる実証事業が実施された。４年間の設備建設の後、2016年４月から実際に貯留が行われ、2019年11月に30万ｔの二酸化炭素の貯留を予定どおり終了している[13]。

30万ｔの貯留に成功したわけであるが、日本の年間二酸化炭素排出量は2020年度で10億440万ｔ、発電部門に限っても４億2,200万ｔに上る[14]。国内に、油田、天然ガス田などが乏しい日本においては、排出量に比較して、地層中に貯留できる容量が少ない[15]。一方、深海底は日本近海に存在するものの、二酸化炭素を注入した場合に発生する環境への影響が懸念される。

このため、回収された二酸化炭素を原材料として利用できる技術が待たれる。その一つに人工光合成がある。この技術は、二酸化炭素と太陽光からプラスチックの原材料などの有用な有機化合物を生成するものである。国立研究開発法人新エネルギー・産業技術総合開発機構（NEDO）と人工光合成化学プロセス技術研究組合が、2019年から実証事業を進めており、2021年には、まず太陽光によって安定的に水素を発生させることに成功している[16]。この水素と、回収された二酸化炭素を反応させて、プラスチックの原材料を生成することとなる。これらの技術が実用レベルにまで到達

13　この実証事業は、二酸化炭素の回収・貯留（Carbon dioxide Capture and Storage, CCS）技術の研究開発を行う日本CCS調査㈱が、経済産業省、国立研究開発法人新エネルギー・産業技術総合開発機構（New Energy and Industrial Technology Development Organization, NEDO）より委託を受けて行ったもの。詳細は同社の2019年11月25日付プレスリリース「苫小牧におけるCCS大規模実証プロジェクト『二酸化炭素（CO_2）の30万トン圧入達成』」（https://www.japanccs.com/press/20191125-co2/）を参照。

14　環境省「2020年度（令和２年度）の温室効果ガス排出量（確報値）について」（2022年４月）（https://www.env.go.jp/content/900445425.pdf）を参照。

15　地層中への二酸化炭素貯留には、油田、天然ガス田などに注入する方法が世界的に多く採用されている。

16　NEDOの2021年８月26日付ニュースリリース「世界初、人工光合成により100m^{2}規模でソーラー水素を製造する実証試験に成功―ソーラー水素の安全な製造と分離・回収技術を確立、大規模化へ前進―」（https://www.nedo.go.jp/news/press/AA5_101473.html）を参照。

すれば、二酸化炭素の回収が経済性を帯びることになるかもしれない。

②　農林水産業を通じた二酸化炭素の吸収・固定

一方、すでに存在する天然の光合成を活用する方向が、吸収・固定におけるソフト・パスである。特に、日本は、森林面積が国土の約３分の２を占めているため、森林による吸収・固定を活用しやすい国である。ただ、樹木は成長する過程で二酸化炭素を吸収・固定するため、適切に森林を伐採して、植林を進めることが必要となる。従来の林業は急峻な地域に人工林を育成していたため、森林の維持と伐採のコストが高く、外材との競争力を失っていった。林業人口も1985年には12万6,000人だったが、2015年には４万5,000人まで減少した。

2019年には、森林環境税及び森林環境譲与税に関する法律が成立し、2024年から、住民１人当たり年間1,000円の森林環境税が、市町村によって徴収されることとなっている。この税金が林業振興に有効に活用されることを期待したい。長期的には、耕作放棄地などを活用した平地林の育成という視点も必要となろう。また、伐採した木材を用材として活用することが、吸収・固定の観点からは重要である。このため、建造物の木質化などを温暖化対策のメニューに含めて、推進していくことが求められる。

さらに、農業や漁業においても、二酸化炭素の吸収・固定という新しい価値を上乗せしていく余地がある。アルコールの原料となるサトウキビのようなエネルギー作物の育成、堆肥や緑肥の活用による農地での吸収・固定、藻場・干潟・マングローブ林などの拡大を通じた海域での吸収・固定（ブルーカーボン）など、農業や漁業の分野での吸収・固定を検討していく必要があろう。

（５）気候変動への適応策

脱炭素社会を展望する際には、気候変動への適応についても触れるべきである。2021年のグラスゴー気候合意において、地球の平均気温を工業化前と比較して、1.5℃を超える水準に上げないことが世界共通の目標となったが、地球の平均気温はすでに１℃程度上がっており、今後も気温上昇が見込まれている。このため、排出削減のみならず、気温の上昇に適応することも重要な課題となっている。

①　気候変動気象データ提供システムにみる温暖化の影響

すでに日本でも、温暖化の影響が出てきている。その影響を把握できるように、筆者が研究代表者として進めたプロジェクト「基礎自治体レベルでの低炭素化政策検討支援ツールの開発と社会実装に関する研究」では、「気候変動気象データ提供システム」を構築し、2022年２月に公開している[17]。このシステムは、気象庁が公開している過去の気象データから、1981年から2020年までの40年間のデータを抽出し、平均気温、年降水量、１時間降水量の最大値の三つの指標についてトレンドを図示するものである。

気候変動気象データ提供システムにおいては、全国の760地点の

17　環境省・独立行政法人環境再生保全機構の環境研究総合推進費（JPMEERF20192010）により実施した。通称OPoSuM-DS（Open Project on Supporting-tools for Municipalities towards De-carbonized Societies）。詳細は、筆者の研究室が立ち上げたホームページ（https://opossum.jpn.org/）を参照。

観測所データを収納しており、全地点の過去40年間の平均気温、年降水量、１時間降水量の最大値のトレンド（回帰直線の傾き）を把握することができる。データ欠損がある観測所を除く709地点の観測所について、1981年から2020年までの40年間の平均気温と年降水量のトレンドをみると、平均気温が低下傾向にあるのはわずかに４地点、年降水量が低下傾向にあるのは83地点、１時間降水量の最大値が減少傾向にあるのは59地点であった。709地点のトレンドを平均すると、40年間で、平均気温は1.26℃上昇、年降水量は184.2mm 増加、１時間降水量の最大値は9.9mm 増加している[18]。

②　適応策に関する対応の状況

日本では、2018年に気候変動適応法が施行され、気候変動適応計画を策定するとともに、５年おきに気候変動の影響を総合的に評価する報告書を発行するなどの対策を講ずることとされた。気候変動適応計画は、2018年に第１次、2021年に第２次計画が策定されており、気候変動影響評価報告書は2020年に発行されている。

気候変動適応法において、都道府県と市町村は、単独または共同して、地域気候変動適応計画を策定するように努め、また、気候変動の影響と適応策に関する情報提供などの拠点（地域気候変動適応センター）を構築するように努めることとされている。2023年２月現在で、地域気候変動適応計画は、46都道府県、18政令市、130市区町村で策定され、地域機構変動適応センターは、40都道府

18　ただし、個別の観測所のトレンドは、年によってかなりのばらつきがみられることに留意する必要がある。

表５－１　気候変動適応計画で掲げられている分野

分　野	具体的内容
農林水産業	水稲、果樹、麦・大豆等、野菜等、畜産・飼料作物、病害虫・雑草等、農業生産基盤、木材生産（人工林等）、特用林産物（きのこ類等）、回遊性魚介類（海面漁業）、増養殖業（海面養殖業、内水面漁業・養殖業）、沿岸域・内水面漁場環境等（造成漁場）、野生鳥獣の影響（鳥獣害）、食料需給
水環境・水資源	水供給（地表水、地下水）、水需要
自然生態系	陸域生態系（高山・亜高山帯、自然林・二次林、里地・里山生態系、人工林、野生鳥獣、物質収支）、淡水生態系（湖沼、河川、湿原）、沿岸生態系（亜熱帯、温帯・亜寒帯）、海洋生態系、生物季節、分布・個体群の変動（在来種、外来種）、生態系サービス
自然災害・沿岸域	洪水、内水、高潮・高波、海面上昇、海岸侵食、土石流・地すべり等、強風等
健　康	死亡リスク、熱中症、感染症、冬季死亡率等、温暖化と大気汚染の複合影響、脆弱性が高い集団への影響、その他
産業・経済活動	金融・保険、観光業、その他
国民生活・都市生活	水道・交通等、生物季節、伝統行事・地場産業、暑熱による生活への影響

資料：環境省「気候変動適応計画」(2021年10月)（https://www.env.go.jp/content/900449799.pdf）をもとに筆者作成

県、３政令市、12市町村で設置されている[19]。

適応策の検討が必要な分野として、気候変動適応計画では、「農林水産業」「水環境・水資源」「自然生態系」「自然災害・沿岸域」「健康」「産業・経済活動」「国民生活・都市生活」の７つが挙げられている（表５－１）。それぞれの具体的内容に対する適応策は、地域の風土や暮らしぶりに応じて検討されるべきものばかりであり、基本的に地域主体で進められるべきものとなろう。

19　国立研究開発法人国立環境研究所の気候変動適応情報プラットフォームホームページ（https://adaptation-platform.nies.go.jp/local/index.html）を参照。

2 脱炭素社会に向けた地域の対応

（１）脱炭素社会を実現するための地域の役割

さて、これまでみてきた脱炭素社会に向けた取り組みの多くは、地域の主体性が求められるものとなっている。省エネルギー対策の基本は、地域の建造物・耐久消費財の状況に応じて、その更新時期に確実に省エネルギー型のものへと入れ替えていくことである。また、熱電併給のような分散的なエネルギー供給を進めるためには、地域の都市計画との連携を欠かすことができない。人口減少が見込まれる地域においては、将来の人口規模に見合ったまちづくりを進めていく必要があり、まちをたたんでいくことも視野に入れて、コンパクトで省エネルギー型のまちづくりを進める必要がある。

代替エネルギーのうち、ハード・エネルギー・パスの方向は国家的な対応が求められるが、再生可能エネルギー主体のソフト・エネルギー・パスの方向は、地域的な対応が中心となる。洋上風力発電は国家的な対応となるが、それ以外の再生可能エネルギーは、地域の風土に応じたかたちで導入を進めていくことが必要だろう。

また、農林水産業を通じた二酸化炭素の吸収・固定も、地域の風土に応じて進められなければならない。さらに、適応策についても、地域的な対応が必要であることは、すでに触れたとおりである。

以上のようなローカルな対応が求められる領域については、使用する技術的にも投資規模的にも地域の中小企業が参入できる可能性が高い。大型の風力発電や地熱発電の設置は中小企業のみでは対応ができないが、省エネルギー型の建物を建築すること、太陽光パネルを設置すること、小水力発電を導入すること、太陽熱・地中熱・温泉熱・雪氷熱・バイオマス熱などの熱利用を進めることといった領域は、地域の中小企業が受注可能であろう。

わが国は、これまでエネルギー源を主に国外から輸入する化石燃料に頼っており、2021年には年間17.0兆円が化石燃料の輸入に費やされた。これは、輸入金額全体の84.9兆円の２割を占める[20]。国内において省エネルギーを進めるとともに、再生可能エネルギーを開発し、脱炭素社会に転換できれば、海外に流出していた国富を国内にとどめることができる。

省エネルギーと再生可能エネルギーの推進が富を域内にとどめるという点は、地域においても同様である。国内では、１世帯当たり年間平均で21万円程度が、エネルギー代として支出されている。これまでは、地域外から電気・ガス・ガソリン・石油といったエネルギーを購入してきたが、地域内で省エネルギーを進め、地域の事業者がエネルギーを生産できれば、その分の富が地域にとどまり、地域の雇用も増やすこととなるだろう。

（２）自治体での再生可能エネルギーの導入

2012年７月に「再生可能エネルギーの固定価格買取制度」（以下、固定価格買取制度）が導入されて以来、地域における再生可能エネルギーの導入が進んでいる。その状況については、千葉大学の筆者の研究室と、NPO 法人環境エネルギー政策研究所が毎年行っている「永続地帯」研究において把握されている。この研究は、

20　財務省貿易統計「品目別輸入額の推移（年ベース）」（税関ホームページ）（https://www.customs.go.jp/toukei/suii/html/data/y2.pdf）を参照。

2006年に開始したもので、2023年で17年目になる。基礎自治体別に、地域的エネルギー自給率と食料自給率を算出しており、この二つの自給率がともに100％を超えている自治体を「永続地帯市町村」と呼んでいる。なお、地域的エネルギー自給率とは、その地域の民生用と農林水産用のエネルギー需要のうち、何％を地域内の再生可能エネルギー供給量で賄えているかを示す。

研究のアイデアは、拙著、倉阪（2002）にさかのぼる。そこでは、将来、再生可能エネルギー基盤の経済社会に転換していかねばならないが、中間段階では、国内の一部の地域から再生可能エネルギー100％の地域が現れてくるはずであり、その地域を明確にわかるようにすれば、徐々にそこへ人と資本が移動していくことになるのではないかという趣旨のことを書いた。出版から20年経って、ようやくその方向で世の中が動き始めたように思う。

なお、「永続地帯」研究では、産業用・発電用（エネルギー転換用）・運輸用のエネルギー供給が、その分母に含まれていない。これは、工場のエネルギー消費量を個別に把握することが困難だったこと、輸送用については、どの市町村に帰属させるのかを判断するのが困難だったことなどの理由による。産業部門などは、国が主に担い、基礎自治体は、主に民生部門・農林水産部門を対象にするという役割分担の方が適切という考え方もあった。ただ、今後、脱炭素を進めるに当たって、民間の工場のエネルギー消費量を公開させる制度ができた場合には、これまで除外してきた分野も含めて地域的エネルギー自給率を試算できると考えている。

2022年６月７日に公開された「永続地帯」研究の最新報告書では、2020年度末に各自治体に存在する再生可能エネルギー設備が年間稼働した場合のエネルギー供給量を、基礎自治体別に把握した。その結果、以下のことがわかった。

第１に、2020年度は太陽光発電・風力発電の伸びに支えられ、再生可能エネルギー発電量は前年度と比べて7.6％増加した（表５－２）。一方、国の固定価格買取制度の対象外である、再生可能エネルギー熱供給は3.4％減っており、３年連続の減少となった。

第２に、地域的エネルギー自給率の都道府県別ランクでは、秋田県が51.3％で、前年度に続いて１位となった。続く大分県（50.0％）を加えた２県が自給率50％を超えている。３位以下は、鹿児島県（48.3％）、宮崎県（46.1％）、群馬県（39.5％）、三重県（38.1％）、高知県（36.0％）、福島県（35.9％）、岡山県（35.8％）、栃木県（34.1％）と続き、合わせて17県が30％を超えている。

第３に、域内の民生・農林水産用エネルギー需要を上回る地域的な再生可能エネルギーを生み出している市町村（エネルギー永続地帯）の数が、2020年度には174と、東京23区を含む市町村数1,741のほぼ１割になった（図５－２）。また、域内の民生・農林水産用エネルギー需要を上回る量の再生可能エネルギー電力を生み出している市町村（電力永続地帯）は、272に増えた。

第４に、日本全体での地域的な再生可能エネルギー供給は、2011年度に民生・農林水産用エネルギー需要の3.8％だったものが、2020年度には17.3％まで増加した。

第５に、エネルギー永続地帯174市町村のうち、食料自給率も100％を超えた市町村（永続地帯市町村）は、前年度に比べて10増加し、2020年度には90になった（表５－３）。

これらのなかで、筆者が最も問題視しているのは、再生可能エネ

表５－２　再生可能エネルギー供給の推移（全国）

（単位：TJ、％）

	2011年度（参考）			19年度			20年度			（参考） 20年度 ／11年度
	総量	電力のみ比率	全体比率	総量［前年度比］	電力のみ比率	全体比率	総量［前年度比］	電力のみ比率	全体比率	
太陽光発電	50,906	19.0	15.1	688,177 ［106.2］	65.0	58.9	757,174 ［110.0］	66.5	60.8	1,487.4
風力発電	47,909	17.9	14.2	85,227 ［110.7］	8.1	7.3	92,410 ［108.4］	8.1	7.4	192.9
地熱発電	23,449	8.7	7.0	22,385 ［110.1］	2.1	1.9	22,895 ［102.3］	2.0	1.8	97.6
小水力発電 （１万kW以下）	132,584	49.4	39.4	138,521 ［100.8］	13.1	11.9	140,228 ［101.2］	12.3	11.3	105.8
バイオマス発電	13,312	5.0	4.0	124,135 ［103.3］	11.7	10.6	126,688 ［102.1］	11.1	10.2	*
再生可能エネルギー発電計	268,159	100.0	79.7	1,058,445 ［105.5］	100.0	90.6	1,139,396 ［107.6］	100.0	91.4	424.9
太陽熱利用	27,955		8.3	30,981 ［94.8］		2.7	31,509 ［101.7］		2.5	112.7
地熱利用	25,295		7.5	23,232 ［100.2］		2.0	23,918 ［103.0］		1.9	94.6
バイオマス熱利用	15,017		4.5	56,189 ［100.3］		4.8	51,236 ［91.2］		4.1	*
再生可能エネルギー熱利用計	68,267		20.3	110,402 ［98.7］		9.4	106,663 ［96.6］		8.6	156.2
総　計	336,427		100.0	1,168,847 ［104.8］		100.0	1,246,058 ［106.6］		100.0	370.4
民生用＋農林水産業用エネルギー需要に対する比率	3.8			16.2			17.3			
民生用＋農林水産業用エネルギー需要（再生可能エネルギー熱利用含む）	8,833,958			7,219,432 ［100.0］			7,215,899 ［100.0］			

資料：千葉大学倉阪研究室・環境エネルギー政策研究所（2022）をもとに筆者作成

（注）１　TJはテラジュールで、テラは10の12乗。

２　2019年度の前年度比は、2018年度の試算に対するもの。

３　2011年度の数値は、千葉大学倉阪研究室・環境エネルギー政策研究所「永続地帯2014年度版報告書」（2015年３月）のものを使用。

４　2014年度以前の試算には、バイオマス発電とバイオマス熱利用に一般廃棄物のバイオマス分の発電・熱利用が含まれていないため、2020年度／2011年度の計算は行っていない。

５　構成比は小数第２位を四捨五入して表示しているため、合計は100％にならない場合がある。

図５−２　エネルギー永続地帯・電力永続地帯市町村数

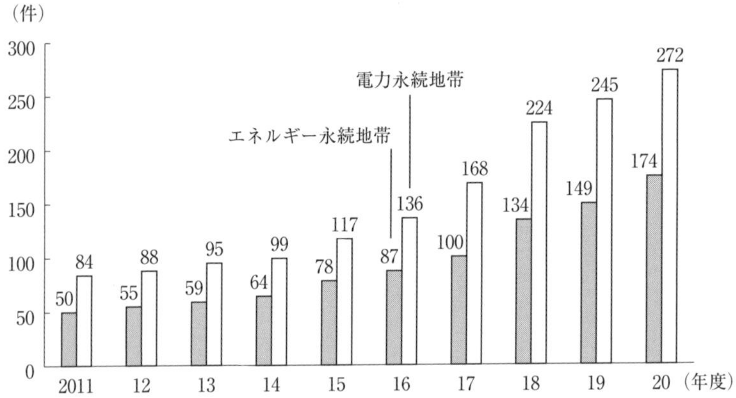

出所：千葉大学倉阪研究室・環境エネルギー政策研究所（2022）

ルギー熱の供給量が３年連続で減少していることである。2012年の固定価格買取制度の導入以来、再生可能エネルギー発電のみ、長期にわたる固定価格での買い取りが保証されたことによって、再生可能エネルギー開発は発電の分野では進んだものの、熱の分野ではかえって後退するという状況が出てきている。例えば、屋根の上には、太陽光パネルだけが載せられるようになり、太陽熱給湯器の普及が止まってしまった。太陽熱利用の分野も技術開発が進み、70℃から80℃の温水を発生させ、冷房もできる技術があるにもかかわらず、その普及は遅れている。また、バイオマス発電は余熱が大量に発生することから、熱供給とともに行われることが望ましいものの、発電だけを行う施設が多くつくられている。2050年の脱炭素社会の実現のためには、太陽熱利用、バイオマス熱利用、地熱利用といった、再生可能エネルギー熱利用を促進させる政策が欠かせない。例えば、化石燃料の元売りを行う輸入業者に対して、販売

表５－３　永続地帯市町村一覧

地　方	都道府県	市町村数	市町村名
北海道	北海道	15	稚内市、紋別市、茅部郡森町、檜山郡上ノ国町、久遠郡せたな町、島牧郡島牧村、磯谷郡蘭越町、虻田郡ニセコ町、苫前郡苫前町、天塩郡幌延町、有珠郡壮瞥町、勇払郡安平町、様似郡様似町、河西郡更別村、白糠郡白糠町
東　北	青森県	7	つがる市、西津軽郡深浦町、上北郡七戸町、上北郡横浜町、上北郡六ケ所村、下北郡東通村、三戸郡新郷村
	岩手県	5	八幡平市、岩手郡雫石町、岩手郡葛巻町、九戸郡軽米町、二戸郡一戸町
	宮城県	5	刈田郡蔵王町、刈田郡七ケ宿町、柴田郡川崎町、伊具郡丸森町、黒川郡大郷町
	秋田県	7	湯沢市、鹿角市、潟上市、にかほ市、山本郡三種町、山本郡八峰町、雄勝郡東成瀬村
	山形県	3	西村山郡朝日町、最上郡大蔵村、飽海郡遊佐町
	福島県	4	南会津郡下郷町、河沼郡柳津町、石川郡石川町、双葉郡川内村
関　東	茨城県	2	北茨城市、行方市
	栃木県	3	那須烏山市、塩谷郡塩谷町、那須郡那珂川町
	群馬県	3	吾妻郡長野原町、吾妻郡嬬恋村、利根郡昭和村
	千葉県	1	長生郡長南町
甲信越	新潟県	1	中魚沼郡津南町
	長野県	4	南佐久郡小海町、上伊那郡飯島町、上水内郡信濃町、下水内郡栄村
北　陸	富山県	1	下新川郡朝日町
	石川県	3	珠洲市、羽咋郡志賀町、羽咋郡宝達志水町
中　部	愛知県	1	田原市
中　国	鳥取県	2	西伯郡大山町、西伯郡伯耆町
	岡山県	4	苫田郡鏡野町、勝田郡奈義町、久米郡久米南町、久米郡美咲町
	広島県	1	山県郡北広島町
四　国	徳島県	1	阿波市
	高知県	1	幡多郡大月町
九　州	福岡県	2	田川郡赤村、築上郡上毛町
	熊本県	6	玉名郡和水町、阿蘇郡産山村、阿蘇郡西原村、上益城郡山都町、球磨郡錦町、球磨郡水上村
	大分県	2	豊後大野市、玖珠郡九重町
	宮崎県	2	串間市、児湯郡川南町
	鹿児島県	4	出水郡長島町、姶良郡湧水町、曽於郡大崎町、肝属郡南大隅町

資料：千葉大学倉阪研究室・環境エネルギー政策研究所（2022）をもとに筆者作成

した化石燃料を燃焼した場合に想定される二酸化炭素排出量に応じて、再生可能エネルギー熱証書を購入することを義務づけるといった政策の導入も、一つの選択肢となろう。

（3）再生可能エネルギー政策調査にみる自治体の動き

前項でみたように、地域に再生可能エネルギーが導入されつつあるが、これまでのところ、この動きは地域主体で起こされたものではないことに留意すべきである。

千葉大学の筆者の研究室においては、2011年度以降、隔年で全市町村（東京23区含む）を対象として「再生可能エネルギー政策調査」を実施してきた。2021年度調査は、2022年１月に1,741の基礎自治体に対して行い、967の自治体から回答があった。回答率は55.5％であった。

調査では、まず、「貴自治体が再生可能エネルギーで期待するのはどの分野か」について、複数回答で尋ねた。その結果、「住宅用太陽光発電」(78.6％)、「事業用太陽光発電」(63.3％）と太陽光発電に期待する自治体が多く、次いで、「バイオマス発電（木質)」(30.0％)、「水力発電」(24.6％)、「バイオマス熱利用（木質)」(21.6％)、「風力発電」(21.5％)、「バイオマス発電（木質以外)」(20.8％）となった。太陽光発電と同様に普遍的に利用できるはずの「太陽熱利用」を選択した回答は14.8％、「地中熱利用」は12.4％にとどまっている。自治体の担当者が想定する再生可能エネルギーがおおむね太陽光発電であるということが、後で述べる、自治体での再生可能エネルギー政策の後退と密接に関連している。

次に、再生可能エネルギーに関する目標設定の有無を聞いたところ、設定しているのは16.2％の157自治体であり、83.0％に当たる803自治体は設定していなかった[21]。設定していない803自治体に今後の見通しを聞いたところ、「現在設定に向けて検討中」が16.7％、「設定に向けた検討は行っていないが、将来的に設定する予定である」が26.4％、「今後とも設定する予定はない」が18.1％となっている[22]。

目標を設定している自治体の割合について、人口区分別に、2011年度からの６年間の推移を示したのが図５－３である。数値は、各人口区分に属する回答自治体のなかで、何％の自治体が目標を設定しているかを示している。この図からは、2021年度調査において、すべての人口区分で明らかに目標設定自治体が減っていることがみてとれる。

回答自治体で実施されている再生可能エネルギー政策を個別に聞いた結果、「再生可能エネルギー設備の設置補助・助成」（47.9％）、「自治体自らによる再生可能エネルギー施設の設置・導入」（46.0％）が、過去と同様に主たる政策となっているが、その割合も低下しつつある。施設設置補助・助成の対象としては、「住宅用太陽光発電」が48.1％、「太陽熱利用」が9.6％、「事業用太陽光発電」が9.2％、「バイオマス熱利用（木質）」が8.8％となっている。また、自ら設置しているものとしては、「事業用太陽光発電」が38.7％、「バイオマス熱利用（木質）」が9.2％、「バイオマス発電（木質以外）」が7.4％、「地中熱利用」が6.8％となった。

また、「再生可能エネルギーの導入促進のための条例・要綱の制

21　このほか、「無回答」が0.7％あった。
22　このほか、「わからない」が33.1％、「その他・無回答」が5.7％あった。

図５－３　再生可能エネルギーに関する目標を設定している自治体の割合（人口区分別）

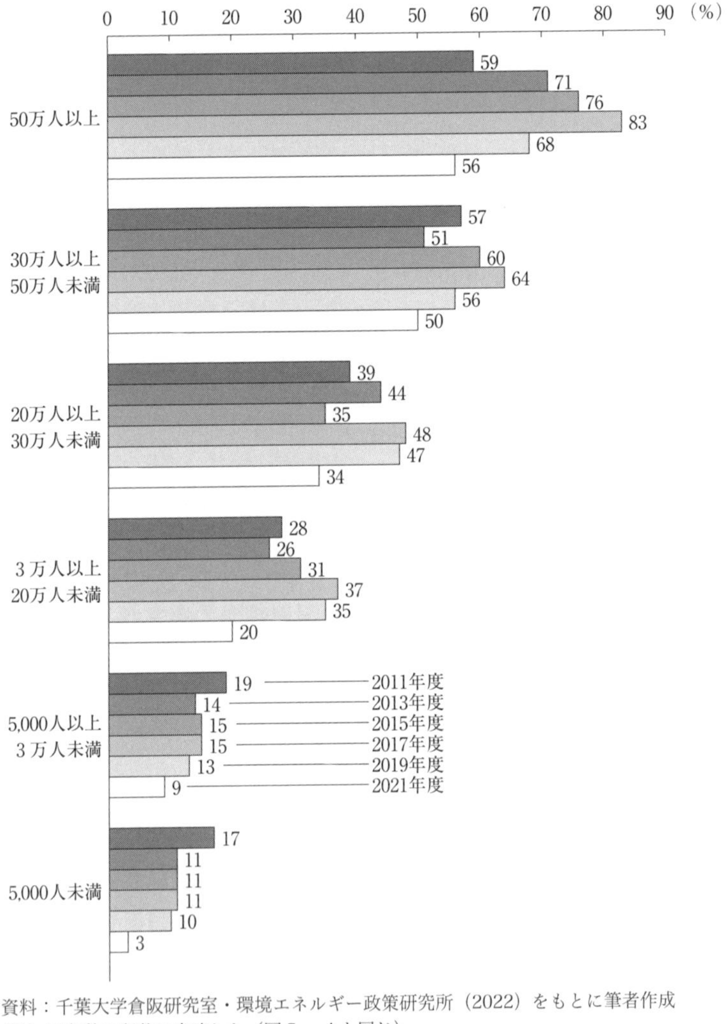

資料：千葉大学倉阪研究室・環境エネルギー政策研究所（2022）をもとに筆者作成
（注）回収数の記載は省略した（図５－４も同じ）。

定」を行っている自治体が11.8％、「再生可能エネルギーの導入抑制のための条例・要綱の制定」を行っている自治体が8.1％であっ

図５－４　収集された再生可能エネルギーに関する条例と抑制方向の条例

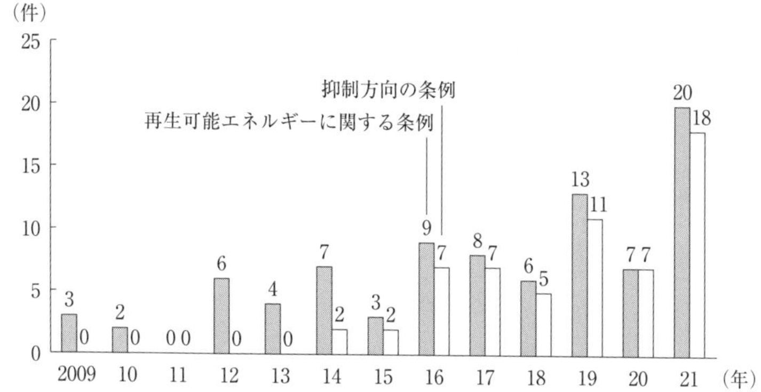

出所：千葉大学倉阪研究室・環境エネルギー政策研究所（2022）

た。検討中と回答した自治体の、それぞれ2.6％、4.0％を合わせると、促進のための条例・要綱は14.4％、抑制のための条例・要綱は12.1％の自治体が、制定または検討を行っていることになる。

具体的な条例・要綱の内容についても聞いたが、2014年以降、「自然環境と再生可能エネルギー発電事業との調和に関する条例」「太陽光発電設備の適正な設置に関する条例」といった、再生可能エネルギー施設の設置を規制する方向の条例が急増している。具体的には、事前に計画書を提出させて指導を行うというものが多かった。

今回の調査で収集された88の条例の制定年と、そのうち抑制方向の条例と考えられるものの制定年は、図５－４のとおりである。2016年以降に制定された再生可能エネルギー関連の条例のほとんどが、再生可能エネルギー発電設備、特に太陽光発電を規制する方向の条例であることがわかった。

自治体の担当者において真っ先に思い浮かぶ再生可能エネルギー

が太陽光発電であるが、2012年７月の固定価格買取制度が引き金となり、民間企業が営利目的で建設する太陽光発電設備が、各地で地域住民の反対・不安・対立を引き起こした結果、再生可能エネルギーが、一気に規制対象としてみられるようになってしまったのではないか。特に、再生可能エネルギー促進のための独立の部署をもっていない自治体においては、これまでなじみのある、公害の防止や自然保護を目的とした規制中心の政策手法が適用できる内容であり、急速に広がっていったものと考えられる。

すでに述べているように、地域の風土に応じたかたちで、地域主導で再生可能エネルギーを導入していくことは、脱炭素社会の実現に欠かせない。地域にとっては、域外へのエネルギー支出の流出を取り戻すことにつながり、地域に新たな雇用をもたらすことが期待できる。今回の調査では、自治体の再生可能エネルギー政策で問題となっていることも聞いたが、最も多い回答は「財源不足」(80.1%）で、「人員不足」(71.7%）がそれに続く。地域脱炭素を専任で取り扱うための人員分の予算を、全自治体に交付金として支給するなどの政策を国が行うといったような強い推進策がないと、自治体の再生可能エネルギー政策の転換はなかなか進展しないのではないだろうか。

（４）地域の脱炭素を進めるための政策

①　地域脱炭素ロードマップ

次に、地域の脱炭素を進めるために国が推進している政策の動向を確認しよう。

2050年の脱炭素社会の実現に向けて、特に、地域の取り組みと国民のライフスタイルに密接にかかわる分野を中心に、ロードマップを議論する場として2020年12月に設けられたのが「国・地方脱炭素実現会議」である。内閣官房長官が議長、環境大臣、総務大臣が副議長となり、地方自治体からもメンバーを選定して議論が行われた。この会議が2021年６月に公表したのが「地域脱炭素ロードマップ」である。

まず、ロードマップでは、なぜ地域での脱炭素が必要かについて、二つの理由づけを行っている。第１に、地域脱炭素は地域の成長戦略になるという点である。脱炭素を早期に実現することが、地域の企業立地・投資上の魅力を高め、地域の産業の競争力を維持向上させるということである。第２に、再生可能エネルギー等の地域資源の最大限の活用によって、地域の課題解決に貢献できるという点である。地域の雇用や資本を活用しつつ、地域資源である豊富な再生可能エネルギー等のポテンシャルを有効利用することによって、地域の経済収支の改善が期待でき、防災・減災や生活の質の向上などさまざまな地域課題の解決にも貢献できると述べられている。

ロードマップでは、2030年度までに少なくとも100カ所の「脱炭素先行地域」をつくることと、全国で重点対策を実行することが記されている（図５－５）。それぞれ、その内容をみていきたい。

②　脱炭素先行地域とは

ロードマップにおいては、脱炭素先行地域で実現する削減レベルの要件として、「民生部門（家庭部門及び業務その他部門）の電力消費に伴う二酸化炭素排出については実質ゼロを実現」「運輸部門

図５－５　地域脱炭素ロードマップの考え方

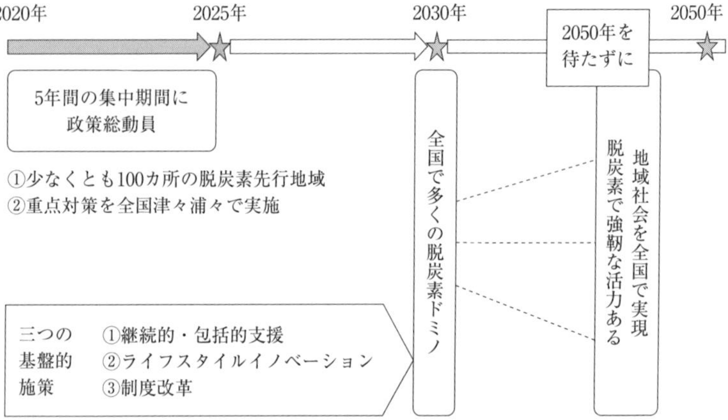

資料：国・地方脱炭素実現会議「地域脱炭素ロードマップ（概要）」(2021年６月)
(https://www.cas.go.jp/jp/seisaku/datsutanso/pdf/20210609_chiiki_roadmap_gaiyou.pdf) をもとに筆者作成

や熱利用等も含めてその他の温室効果ガス排出削減についても我が国全体の2030年度目標と整合する削減を地域特性に応じて実現」「それらの実現の道筋を、2025年度までに立てる」という三つが示されている。

なお、第２の要件における「その他の温室効果ガス排出削減」については、民生部門の電力以外のエネルギー消費に伴う二酸化炭素や二酸化炭素以外の温室効果ガスの排出、民生部門以外の地域と暮らしに密接にかかわる自動車・交通、農林水産業や観光、廃棄物・下水処理等の分野の排出を指すと注記されている。

脱炭素社会の実現に当たって、国と地方の役割分担としては、工場や発電所といった部門については、それぞれの事業者に脱炭素を進めさせるとともに、民生・農林水産業・運輸の各部門については、自治体が地域の状況に応じた政策を主体的に実施して脱炭素に向かわせるというものが適切であろう。

鉄鋼、セメント、石油化学などの産業系の多量排出事業者については、それぞれの業界において2050年までの脱炭素を図っていくことが求められており、これは産業政策として国が責任をもって実現させる必要があろう。一方、地域や暮らしに密着した分野で、脱炭素を図っていくという目標は、主に、自治体における地域特性に応じた政策によって実現していくべきである。脱炭素先行区域の要件はこの考え方と整合的である。

③　地域脱炭素のために進める八つの重点施策

一方、ロードマップでは、全国的に取り組む重点対策として、「系統制約の課題が少ない自家消費型の太陽光発電の推進」「地元企業による施工、収益の地域還流、災害時の電力供給など地域に貢献する再生可能エネルギーの推進」「業務ビル等における更新・改修時のゼロ・エネルギー・ビル化の促進」「住宅・建築物の省エネルギー性能等の向上」「再生可能エネルギー電力と電気自動車や燃料電池車の活用による自動車移動の脱炭素化」「プラスチック分別収集、食品ロス半減などにより、廃棄物処理からの温室効果ガス発生を削減すること」「街のコンパクト化と脱炭素化公共交通を組み合わせ、都市内のエリア単位での脱炭素化に取り組むこと」「食料・農林水産業の生産力向上と持続性の両立」の八つが挙げられている。

そして、ロードマップにおいては、これからの５年間が集中期間であるとして、「人材派遣・研修」「デジタル技術も活用した情報・ノウハウの整備（情報基盤・知見の充実、各自治体による削減目標やシナリオ・計画の策定・更新の推進)」「資金支援」を集中的に行うことを求めている。

④　脱炭素先行地域の選考状況

2022年1月25日から2月21日まで、第1回の脱炭素先行地域の公募が行われ、共同提案を含めて全国の102の自治体から79件の計画提案が提出された。書面審査とヒアリング審査の結果、26件が採択された(表5－4)。また、2022年7月26日から8月26日まで、第2回の公募が行われ、50件の提案から、さらに20件が採択されている。今後、年2回の公募がなされる見込みである。

これまでに選考された46件中、市町村の全域を対象としているのは、北海道上士幌町、北海道奥尻町、群馬県上野村の3カ所である。上士幌町は、住宅2,505戸、公共施設17施設、法人事業所95件、個人事業主89件、工場11事業所のすべてを、地域新電力の「かみしほろ電力」を通じて、地域のバイオガス発電、太陽光発電、卒FIT電源（固定価格買取制度が終了した電源）から再生可能エネルギー電力を供給して脱炭素を図る計画である。奥尻町は、住宅1,491戸、民間事業所164施設、公共施設等52施設を対象として、水力発電、地熱発電、太陽光発電、木質バイオマス発電をエネルギー源とし、自営線ネットワークと蓄電池によって安定供給を図ろうとしている。上野村では、村全域の村営住宅149戸、戸建て住宅351戸、民間施設13施設、公共施設18施設を対象として、太陽光発電と木質バイオマス熱電併給施設などによって、エネルギー供給を行う計画である。その際に、既存の地域新電力「中之条パワー」が供給主体となる。

表５－４　これまでに採択された脱炭素先行地域

ブロック	提案数	自治体数	都道府県	自治体名
北海道	５件	５市町	北海道	札幌市、石狩市、奥尻町、上士幌町、鹿追町
東　北	５件	１県５市村	岩手県	宮古市、久慈市
			宮城県	東松島市
			秋田県	秋田県・秋田市、大潟村
関　東	11件	１県12市町村	栃木県	宇都宮市・芳賀町、那須塩原市
			群馬県	上野村
			埼玉県	さいたま市
			千葉県	千葉市
			神奈川県	横浜市、川崎市、小田原市
			新潟県	佐渡市・新潟県、関川村
			静岡県	静岡市
中　部	５件	１県５市	福井県	敦賀市
			長野県	松本市、飯田市
			愛知県	名古屋市、岡崎市・愛知県
近　畿	９件	１県９市町	滋賀県	湖南市・滋賀県、米原市・滋賀県
			京都府	京都市
			大阪府	堺市
			兵庫県	姫路市、尼崎市、加西市、淡路市
			奈良県	三郷町
中　国	５件	６市町村	鳥取県	米子市・境港市
			島根県	邑南町
			岡山県	真庭市、西粟倉村
			山口県	山口市
四　国	１件	１町	高知県	梼原町
九州・沖縄	５件	23市町村	福岡県	北九州市他17市町
			熊本県	球磨村
			宮崎県	延岡市
			鹿児島県	知名町・和泊町
			沖縄県	与那原町

資料：環境省「脱炭素先行地域（第２回）選定結果について」(2022年11月)（https://www.env.go.jp/content/000084555.pdf）をもとに筆者作成

（注）１　下線は第２回の公募で選定された地域。

２　複数の自治体が共同で提案している場合があるため、提案数と自治体数は一致しない。

その他の計画は、市町村の一部の区域を対象とするもの、あるいは公共施設群を対象とするものとなっている。北九州市の提案は、北九州市のみならず、北九州都市圏域18市町の公共施設群3,600施設などを対象としている。

これまで採択された提案には、蓄電池、PPA（電力購入契約）、自営線、地域新電力といったキーワードが多くみられた[23]。太陽光発電のように変動する再生可能エネルギーであっても、蓄電池を置いて、電力系統に負担をかけないように自律的な需給調整ができる計画が採択される傾向にある。

PPAについては、企業や自治体などが、自らの敷地内に第三者が再生可能エネルギー発電設備を設置することを認め、その設備から電力を長期に購入する契約を結ぶオンサイトPPAと、敷地外の再生可能エネルギー発電設備からの電力を購入するオフサイトPPAの２種類がある。域内の大規模なエネルギー消費事業者が、その電力料金によって、地域の再生可能エネルギーを支えるという提案が、選ばれる傾向にある。

そのほか、自営線によって域内で再生可能エネルギー電力を供給する提案、地域新電力によって再生可能エネルギー電力を地域内の需要家に供給する提案も選ばれている。

都市域においては、エネルギー消費量が大きいため、都市域の再生可能エネルギー資源だけで脱炭素を実現することが難しいかもしれない。この問題に対応するため、横浜市は、再生可能エネルギーに関する連携協定を締結した東北地方の13市町村から再

23　PPAはPower Purchase Agreementの略であり、自営線は既存の電力網によらない自治体等が所有する送電線を指す。

生可能エネルギー電気を調達するという内容が含まれた提案をしている。

⑤　脱炭素ドミノは起こるか

今後、残りの54カ所の脱炭素先行地域が選考されることとなるが、合計100カ所で、2050年の脱炭素の実現に近づくのだろうか。基礎自治体は、東京23区を含めれば1,741存在するが、これまでに採択された計画のうち自治体全体を対象とするのは、前述の３町村のみである。採択された計画に対しては、地域脱炭素移行・再エネ推進交付金が１計画当たり50億円を上限として交付されることとなっている。交付金が支出される区域においては確実に対策が進められると考えられるが､他地域に波及するかどうかは不透明である。

先にみたように、小規模自治体での政策展開が遅れている状況である。これは、前にも述べたように、脱炭素先行地域に申請するための計画づくりに携わる人材を確保できる自治体が、限られているためだと考えられる。脱炭素政策を進めるための人員配置を促す交付金の導入は、特に小規模自治体にとって有効となるだろう。

さらに、全国的に省エネルギー投資や再生可能エネルギー投資を促進するためには、脱炭素先行地域のみに集中的に交付金を支出するだけでは不十分である。排出権取引制度の導入、化石燃料販売への再生可能エネルギー熱証書の購入義務づけなど、化石燃料の使用に対して適切に経済的な負担を求める政策、つまりカーボンプライシングの導入が求められる。そのためには、まず、各事業者の二酸化炭素などの温室効果ガスの排出量情報を把握できる仕組みが必要となろう。

3 脱炭素と地域課題の同時解決

（1）カーボンニュートラルシミュレーターとは

地域の脱炭素のしやすさを簡易に把握するためのツールとして、筆者の研究チームでは、「カーボンニュートラルシミュレーター」を開発して、2019年９月に公開した（図５－６）[24]。これは、各自治体において、家庭やオフィスビル、農林水産業、自動車からの二酸化炭素の排出量を、地域の再生可能エネルギーなどで差し引きゼロにできるかどうかを検討するものである。

このシミュレーターは、2050年から逆算して検討することを特徴としている。まず、対象自治体の2050年の人口・世帯数・就業者人口などを予測する。2050年の人口は、国立社会保障・人口問題研究所の人口予測を延長して自動計算したものをデフォルトに設定しているが、各自治体の人口ビジョン目標などを踏まえ自由に変えることができる。

次に、想定人口規模と１世帯当たり人員数の傾向を用いて2050年の世帯数を予測し、その自治体の１世帯当たり平均住宅床面積を用いて2050年に必要な住宅床面積を推計する。そして、現在の住宅の建築年度から、将来どの時点でどの程度の住宅を建て替え・新設すれば2050年の必要住宅床面積が確保できるかを推計する。同

24　図５－６で示したのは、群馬県高崎市のシミュレーション結果。脚注17で示した環境省・独立行政法人環境再生保全機構の環境研究総合推進費プロジェクト「基礎自治体レベルでの低炭素化政策検討支援ツールの開発と社会実装に関する研究」において作成した。筆者の研究室が立ち上げたホームページ（http://opossum.jpn.org/）からダウンロード可能である。

図５－６　カーボンニュートラルシミュレーター

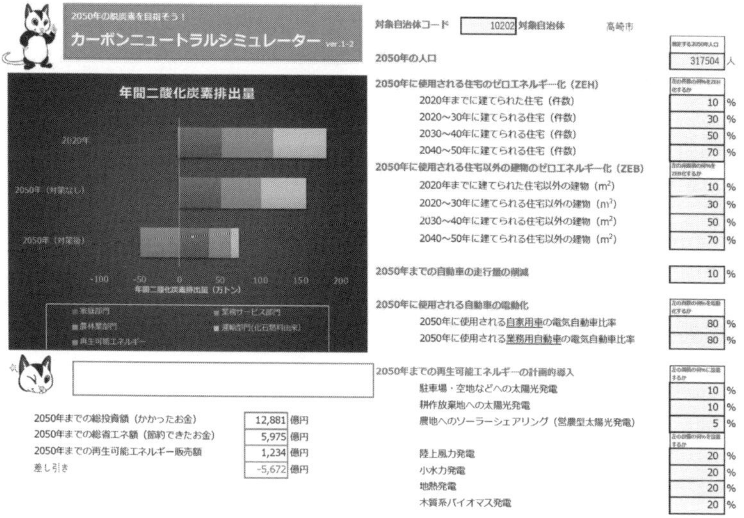

出所：千葉大学倉阪研究室「カーボンニュートラルシミュレーター」

様に、2050年の業種別就業者人口の予測をもとに、オフィスビルの必要床面積を推計し、今後の建て替え率を推計する。さらに、2050年の人口・就業者人口の規模に応じて、自家用車と業務用自動車の登録台数を予測する。これらによって、2050年の民生・農林水産・運輸のエネルギー消費量を概算する。これによって、人口減少による省エネルギー効果がどの程度なのかを、把握できることになる。

シミュレーターでは、省エネルギー対策として、既設住宅のゼロ・エネルギー住宅（ZEH）改修比率、今後新築される住宅のZEH比率、既設事業所建物のゼロ・エネルギー・ビル（ZEB）改修比率、今後新築される事業所建物のZEB比率、交通量の削減率、2050年に使用される自動車の電動化比率といった項目を入力できるようにした。電気自動車の導入によって、ガソリンなどの燃料消費が減少するが、電力消費は増加するかたちとしている。

このような省エネルギー投資によっても、エネルギー消費量はゼロにはならない。シミュレーターでは、省エネルギー投資を行ってもなお残るエネルギー消費について、再生可能エネルギー投資を行って賄えるかどうかを検討する。再生可能エネルギー投資の可能性は、各自治体の土地利用の状況や、再生可能エネルギーポテンシャルの状況によって異なる。太陽光は、その自治体においてすでに開発が行われている土地面積であって、太陽光発電設備が設置可能な面積を自治体別に試算する。ただし、森林を切り開いて太陽光発電設備を置くような開発は想定しない。太陽光以外の再生可能エネルギーについては、環境省の再生可能エネルギー情報提供システムのデータをもとに導入可能性を把握する。そして、これらのポテンシャルをどの程度実現させるのかを選択し、脱炭素を達成できるかどうかを検討する。

このシミュレーターは、産業部門と発電などのエネルギー転換部門を除外しているものの、地方自治体の政策領域について、脱炭素のしやすさを自治体別に簡易に検討するためのツールとなっている。

（２）地域的な脱炭素達成可能性の違いと自治体間連携

カーボンニュートラルシミュレーターを使い、さまざまな自治体について試行した結果、人口の多い自治体では、域内での取り組みだけでは脱炭素が難しいところが多い一方、人口減少が進む自治体では、脱炭素は比較的余裕をもって実現できるところがあることがわかっている。

カーボンニュートラルシミュレーターに、前掲図５－６で示した右半分の画面と同じ強度の対策セットを入れて、各自治体が脱炭素を達成できるかどうかを確認してみた。その結果、この対策強度で脱炭素を達成できたのは、全体の66.0％に当たる1,149自治体であった。一方、2022年１月末現在で2050年脱炭素宣言を行っていた557自治体（以下、宣言自治体という）のなかで脱炭素を達成できたのは279自治体で、達成できた割合は全体を下回る50.1％であった。つまり、脱炭素宣言を行っている自治体が、脱炭素を達成しやすいとは限らないのである。

ここで、人口と脱炭素達成可能性の関係性をみるために、省エネルギー対策を実施した場合における各自治体のエネルギー消費量に対する再生可能エネルギー供給量の比率と、各自治体の人口を比べてみた。すると明らかに、人口規模の小さな自治体の方が、脱炭素達成可能性が高いとわかった。

宣言自治体の達成割合が低かったのは、このことが背景となっている。人口規模が比較的大きな自治体が宣言を行っている傾向にあるからだ。2022年１月末現在での宣言自治体の平均人口は14万3,305人で、全自治体の平均人口７万2,498人の約２倍となっていた。

人口規模の小さな自治体の方が、脱炭素達成可能性が高いという結果は、人口規模の大きな自治体において脱炭素を達成するために、人口規模が小さく再生可能エネルギーが豊かな地方の自治体と協働する必要があることを示唆している。前述の横浜市の脱炭素先行地域の取り組みのように、自治体間連携をさまざまなかたちで進めていく必要がある。このように、脱炭素をきっかけとする自治体間連携が進展すれば、これを通じて、都会の富が地方に移動する可能性もあるだろう。

（3）バックキャスティング型政策形成の必要性

脱炭素社会の構築は、2050年というおおむね30年後の未来を見据えて、社会を転換させていくことが求められる課題である。このような計画期間においては、地域の人口、年齢構成、1世帯当たり人員、公共交通、産業構造などさまざまな条件も変わってくる。そのため、この課題は、従来の環境政策の範疇《はんちゅう》にとどまらない広がりをもっている。2050年に向けてどのような人口規模を確保するのか、どのようなまちづくりをしていくのか、どのように産業を発展させ、どのような雇用を確保するのかといった広範な政策分野の課題も、脱炭素と同時に考えることが求められる。

従来の行政計画は、長期的な計画であっても10年程度の期間であった。一方、脱炭素社会は、30年後をターゲットとしている。この点でも、過去に経験したことのない政策形成を進めることが求められる。脱炭素という課題を克服するには、従来の長期計画を超えた時間的視野が必要なのである。

では、各自治体はどのように取り組めばよいのだろうか。2020年6月の地方制度調査会の答申では、高齢人口がピークを迎える2040年を想定しつつ、地域の未来予測に基づくバックキャスティング型政策形成を勧めている[25]。市町村が、長期的な変化の見通しの客観的

25　内閣府第32次地方制度調査会「2040年頃から逆算し顕在化する諸課題に対応するために必要な地方行政体制のあり方等に関する答申」（2020年6月）（https://www.soumu.go.jp/main_content/000693733.pdf）を参照。

なデータを「地域の未来予測」として整理し、目指す未来像を実現するための政策を検討するという考え方である。2050年をターゲットとする脱炭素社会の構築という課題に当たっても、バックキャスティング型政策形成が求められるだろう。

バックキャスティング型政策形成に当たって必要となるのが、何もしない場合の地域の未来予測である。具体的な政策を講じずに、このまま現在の傾向が継続した場合に、どのような地域社会になる可能性があるのかをみることによって、2050年という近未来にどのような課題が発生するのかがわかるのである。市場の状況、人々の嗜好や普及する技術の状況などとは異なり、人口や年齢構成、建造物の老朽化の状況、人工林・農地などの状況など、物理的な各種資本基盤の状況については、ある程度長期にわたって「何もしなかった場合の未来」を想定することができる。また、何もしなかった場合の温暖化の進行状況についても、科学者から一定の知見を得ることができる。

政策の効果を見込まない「何もしなかった場合の未来」に関する情報を把握することを通じて、「あるべき未来」とのギャップに気づき、「あるべき未来」を具体的に想定できるようになる。このようにして具体化した「あるべき未来」を実現するために、今から何をすべきかを考えるのが、バックキャスティング型政策形成なのである。

（４）未来カルテと未来ワークショップ

以上のようなバックキャスティング型政策形成を支援するために、筆者らの研究プロジェクトで作成したのが「未来カルテ」である[26]。自治体コードを入力すれば、人口、年齢構成、就業者人口規模、産業構造、教育・保育・医療・介護、公有施設・道路・農地などの維持管理、財政という項目について、該当する自治体の2050年の「何もしなかった場合の未来」がグラフ化される[27]。

この未来カルテの情報に触れて、「あるべき未来」とのギャップを埋めるために今からどのような政策を講じていけばよいのかを考えるワークショップが、「未来ワークショップ」である[28]。未来ワークショップとは、中高生や若手の社会人が、2050年の未来カルテ情報などを踏まえて、未来の首長になったつもりで、今の首長に対して政策提言を行うものである。この未来ワークショップは、自治体の職員研修や、中高生の公民教育プログラムとして、全国各地で実施されるようになってきている（表５－５）。

さらに、カーボンニュートラルシミュレーター体験を未来ワークショップに組み合わせたのが「脱炭素未来ワークショップ」である。例えば、千葉県白井市では、2021年４月に市内６カ所において一般市民向けのワークショップを、同年６月には、市立白井中学校の１、２年生全員を対象にしたワークショップを、それぞれ実施した。

26　国立研究開発法人科学技術振興機構（Japan Science and Technology Agency, JST）に所属する社会技術研究開発センター（Research Institute of Science and Technology for Society, RISTEX）の戦略的創造研究推進事業「多世代参加によるストックマネジメント手法の普及を通じた地方自治体での持続可能性の確保」（研究代表者：倉阪秀史）、通称 OPoSSuM（Open Project on Stock Sustainability Management）において作成した。

27　「未来カルテ」発行プログラムは、カーボンニュートラルシミュレーターと同様に、筆者の研究室が立ち上げたホームページ（https://opossum.jpn.org/）から無料でダウンロードできる。

28　「未来ワークショップ」「脱炭素未来ワークショップ」は自治体等の依頼を受けて、筆者が代表を務める NPO 法人地域持続研究所が実施している。

表５－５　未来ワークショップの開催実績

地　方	都道府県	開催場所	開催日
東　北	岩手県	岩手県立大学	2023年２月13日（ファシリテーター養成講座のための模擬ワークショップ）
	宮城県	東北大学	2018年７月13日
	山形県	米沢市	2021年３月８日（九里学園高校・置賜地域の分析）
	福島県	双葉町	2021年10月17日・2022年８月6-7日（ふたば未来ワークショップ）
関　東	東京都	日本科学未来館	2018年11月11日
		葛飾区	2021年４月30日（水元中学校）
		武蔵野市	2022年７月28日
	千葉県	流山市	2022年12月11日
		松戸市	2017年10月14日、10月20日（市職員研修）、2018年11月10日（小学５・６年生）
		白井市	2021年１月27日（市職員）、４月17-18日、４月25日（市民）、６月21日（白井中学校）、2022年６月22日（南山中学校）
		八千代市	2016年11月23日
		千葉市	2021年10月27日、11月10日、11月17日（市職員）、2022年８月23日（市内高校生）、６月21日、７月23日、９月11日（市民）
		九十九里町	2019年９月１日（中高生、町職員）
		市原市	2015年８月22-23日、2016年３月24日（シニア）
		君津市	2020年12月19日
		大多喜町	2021年11月19日（町職員）、2022年11月30日（大多喜中学校）
		館山市	2021年８月７日（特別支援学校生参加）
甲信越	新潟県	佐渡市	2022年８月９日
	山梨県	甲府市	2019年12月22日（市独自開催）
北　陸	福井県	勝山市	2019年10月２日（勝山高校）
中　部	静岡県	静岡市	2017年２月５日（県内５地域の分析）
	愛知県	北名古屋市	2020年２月15日
近　畿	奈良県	奈良市	2018年11月18日
	和歌山県	和歌山大学	2021年２月22日
	兵庫県	神戸市	2021年12月28日
中　国	鳥取県	境港市	2021年12月４日
四　国	高知県	室戸市	2022年２月22日（室戸高校、市職員）
九　州	福岡県	田川市	2020年７月８日～8月12日（市職員、全５回）
	熊本県	菊池市	2020年２月23-24日
	長崎県	壱岐市	2022年８月４日
	宮崎県	延岡市	2020年２月22日、2021年２月20日、12月27日（地元独自開催）
	鹿児島県	西之表市	2018年８月29日、2019年８月20日（種子島中学校、種子島高校）、2020年８月19日、2021年２月24日、３月８日（市民向け）
		種子島地域（西之表市・中種子町・南種子町）	2021年８月４日（種子島中央高校、南種子中学校、中種子中学校）、2022年８月26日（種子島高校、種子島中央高校、種子島中学校、中種子中学校、南種子中学校）
		瀬戸内町	2022年11月19日（中高生）、2023年１月23日（町職員）

資料：筆者作成

白井中学校での「脱炭素未来ワークショップ」の様子
タブレットでカーボンニュートラルシミュレーターを体験（左）　市長と市幹部に政策提言（右）

一般市民向けのワークショップは全体で２時間かけて行われた。まず、白井市の環境概要、白井市未来カルテ、脱炭素の背景について筆者らが40分で説明、カーボンニュートラルシミュレーターを20分で体験、休憩を挟んで40分で参加者自身が提言を書き出し、10分で共有するというかなり詰め込んだスケジュールであった。６カ所で延べ60人が参加し、589件の提言が発表された。

白井中学校におけるワークショップは、丸１日を使ったものとなった。９時から約２時間かけて、未来カルテと気候変動について筆者らが講義を行い、生徒たちはカーボンニュートラルシミュレーターも体験した。その後は教室で各班に分かれ、昼休みを挟みつつ２時間ほどかけて、2050年に予想される白井市の課題と現在の市長への提言を、模造紙に書き出した。そして、14時45分から１時間近く、市長と市の幹部を前に、政策提言の発表を行った。参加した生徒は100人を超え、合わせて560件の提言が提出された。

白井市でのこれらのワークショップにおいては、省エネルギー、再生可能エネルギー、植林、自動車の電動化といった脱炭素に関するものにとどまらず、人口減少や高齢化への対応、農業の後継者確保などの産業振興、ごみ、水質などの環境改善、温暖化への適応策、空き家対策やまちづくりといった、広範な提言がなされ、地域の課題解決と脱炭素を同時に解決する方策が検討された。

このように、未来カルテとカーボンニュートラルシミュレーターというツールを活用することによって、2050年の課題について具体的に気づくことで、バックキャスティング型政策形成を行うことができる。地球温暖化対策計画をパブリックコメントにかけても、ほとんど意見が出てこない自治体もあろう。2050年の脱炭素社会について「自分事」にしてもらうためには、このワークショップのような仕掛けが必要なのである。

4　脱炭素社会の構築と中小企業のビジネスチャンス

（１）中小企業の活躍の場がどこにあるか

最後に、脱炭素社会の構築における中小企業のビジネスチャンスについて整理したい。これまで述べたように、脱炭素社会に向けては、廃熱をできるだけ出さないエネルギー供給構造に転換する必要がある。このために、地域で再生可能エネルギーによって熱と電気を一緒に生み出し、自営線、熱導管、蓄電池などを組み合わせて、安定的に供給する仕組みをつくり上げる必要がある。また、農林水産業などを通じた二酸化炭素の吸収・固定も、地域で進められなければならない。

こうした取り組みの過程で、中小企業のビジネスチャンスになり得ると筆者が想定するのは、「建築物のゼロ・エネルギー化」「風土に適合する再生可能エネルギーの普及」「農林水産業における二酸化炭素の吸収・固定」「さまざまな適応策への対応」の四つの領域である。

① 建築物のゼロ・エネルギー化

住宅・建築物において消費エネルギーと生産エネルギーを均衡させるゼロ・エネルギー化を2050年にストックベースで実現するには、新築物件のゼロ・エネルギー化だけではなく、既設物件のゼロ・エネルギー化改修が不可欠となる。その際には、照明の入れ替え、熱を逃がさない空調への転換、壁や窓の断熱化などへの需要が発生する。さらに、屋根や外壁における太陽光発電・太陽熱利用など、建物に付設する再生可能エネルギー設備への需要も出てくるだろう。こうした取り組みの推進には、地域の中小企業が活躍することが期待される。

② 風土に適合する再生可能エネルギーの普及

太陽光発電設備は、建築物の屋根・外壁に加えて、駐車場・資材置き場などに置かれていくだろう。さらに、営農型太陽光発電（ソーラーシェアリング）は、農地面積が広いため大きなポテンシャルを有している[29]。将来的には、温暖化の適応策の一環として、日陰が必要となる歩道などの上部にも、太陽光発電設備の設置

29　2022年10月から、JST/RISTEX が実施する「SDGs の達成に向けた共創的研究開発プログラム（SOLVE for SDGs）」のソリューション開発フェーズのプロジェクトとして、「ソーラーシェアリングを活用した自立型脱炭素スマート農地の確立と展開」（研究代表者：倉阪秀史）を開始している。

が検討される可能性がある。

事業用太陽光発電の建設コストについて、固定価格買取制度の買取価格を検討する「調達価格等算定委員会」では、１kW当たり25.7万円と試算している。内訳は、太陽光パネルが10.2万円、パネルの架台が3.3万円、パワーコントローラーが3.0万円、その他設備が1.6万円、これら設備以外の工事費が7.4万円、設計費が0.2万円と試算している[30]。特に工事に関しては、地元の中小企業が受注することが十分可能であろう。

また、太陽光発電のみならず、小水力発電、小型風力発電、バイオマス利用、地中熱利用、温泉熱利用など、地域の風土に応じた再生可能エネルギー設備の設計施工などにおいて、地域の企業が活躍できる可能性がある。また、地域で熱利用を進めるための熱導管の敷設においても、ビジネスチャンスが発生するだろう。

③　農林水産業における二酸化炭素の吸収・固定

二酸化炭素の吸収・固定という側面で、今後、農林水産業が見直されていくこととなるだろう。農業においては、エネルギー作物の生育、緑肥などを用いた農地への二酸化炭素の固定などに、経済的な付加価値が与えられる可能性がある。林業では、森林環境税を原資として、森林の手入れを適切に行い、計画的に植林を進めることに資金が流れ込むと思われる。木材の用材としての利用にも、付加価値が与えられる可能性がある。地域の木材を使った建物の建設や

30　経済産業省調達価格等算定委員会「令和５年度以降の調達価格等に関する意見」（2023年２月）（https://www.meti.go.jp/shingikai/santeii/pdf/20230208_1.pdf）を参照。

家具の製造などは、地元の中小企業が活躍できる場である。海域における藻場などの育成が、ブルーカーボンとして認められれば、こちらにも付加価値が与えられていくだろう。

④　さまざまな適応策への対応

対策を十分に行ったとしても、今後も、温暖化が少しずつ進んでいく。そのため、さまざまな適応策を地域において講じていくことが必要となる。熱中症対策、気温上昇に適応した農業生産への変更、水利用計画の変更、大規模化する台風など災害への対応といった、さまざまな社会投資が必要となり、この点でも中小企業にビジネスチャンスが生まれることになる。

（２）再生可能エネルギーへの転換による地域経済効果

最後に、再生可能エネルギーへの転換によって生み出される、地域経済効果の大きさを試算した例を紹介する（倉阪・佐藤・鷺谷、2018)。千葉市において107万kWの石炭火力発電所が計画された際に筆者らが行ったもので、その発電所と年間発電量が同等の太陽光発電所を設置した場合に、地域経済効果がどのように異なるのかを試算した。稼働率が異なるため、107万kWの石炭火力発電所と同じ年間発電量が見込まれる太陽光発電所は、557万kWの設備容量となる。

この規模の太陽光発電設備を置くためには、千葉県内の宅地面積の13.4％に相当する面積が必要であり、建物の屋根に置かせるための施策を実施しなければならない。一方で、表５－６にみるように、建設工事段階では、石炭火力よりも太陽光の方が、約17倍

表５－６　蘇我石炭火力発電計画と発電量が同等の太陽光発電所による地域経済効果

	石炭火力発電所（107万kW）	太陽光発電所（557万kW）
建設工事による年間県内受注額	392億3,333万円（0.18%）	6,674億3,648万円（3.13%）
維持管理による年間県内受注額	56億5,987万円（0.03%）	地元発注率20%　41億2,687万円(0.02%) 地元発注率40%　82億5,734万円(0.04%) 地元発注率60%　123億8,601万円(0.06%)
地元出資者の年間売電収入額	―	地元出資率20%　287億3,823万円(0.13%) 地元出資率40%　574億7,646万円(0.27%) 地元出資率60%　862億1,429万円(0.40%)

資料：倉阪・佐藤・鷺谷（2018）
（注）１　年間発電量が同等の場合の地域経済効果を試算したもの。
　　　２　（　　）内は千葉県の2014年度県内総生産（21兆3,321億円）に対する比率。

の金額の受注が県内事業者に対して見込まれる。維持管理段階でも、地元発注率が約３割程度と仮定すれば、石炭火力発電と同等の地域経済効果が得られる。さらに、太陽光発電所を地元出資によって建設できれば、売電収入が地域に入ることで経済が活性化し、耐用年数経過後の再投資資金も蓄積することができる。

このように、大規模な石炭火力発電所による集中的なエネルギー供給を、再生可能エネルギーを活用した分散的なエネルギー供給に転換することによって、地域に仕事が生まれ、持続可能なエネルギー源と収入源が、地域に与えられることが期待できるのである。

（３）脱炭素社会と中小企業の可能性

脱炭素社会を実現するためには、発電時などに発生する廃熱が大きい集中的なエネルギー供給から、地域分散的なエネルギー供給に転換していくことが求められる。建築物・耐久消費財の建て替え・

買い替えの機会を確実にとらえて、省エネルギー投資を行っていくことも必要となる。さらに、太陽光・太陽熱・小水力・風力・地熱といった再生可能エネルギーへの投資も、地域の風土に合ったかたちで計画的に進めていくべきであろう。

集中的なエネルギー供給よりも分散的なエネルギー供給の方が、地域経済への効果は大きい。地元の中小企業が参入できる可能性も高くなる。また、集中的なエネルギー供給では、大手のエネルギー会社が独占的に供給するかたちにならざるを得ないが、再生可能エネルギーを基盤とする分散的なエネルギー供給では、中小企業がエネルギーを供給する事業者としても参入できる余地がある。

さらに、日本全体でみれば、化石燃料の輸入のために国外に流出していた富を、分散的なエネルギー供給に転換するための原資として活用することができる。地域での分散的なエネルギーの活用が進めば、エネルギー購入により域外に流出していた富を、地域内の再投資に回すことができるようにもなる。このように、脱炭素社会の実現によって国内、地域内にとどまった富を、地域密着型の中小企業が地方創生に活かしていくという政策ビジョンが、求められているのである。

参考文献

環境省編（1994）『平成６年版 環境白書―総説』国立印刷局
――――（2020）『令和２年版 環境白書 循環型社会白書／生物多様性白書』日経印刷
倉阪秀史（2002）『環境を守るほど経済は発展する―ゴミを出さずにサービスを売る経済学』朝日新聞社
倉阪秀史・佐藤峻・鷺谷駿（2018）「石炭火力発電の運転開始が立地自治体の財政・経済にどのように影響するか」千葉大学公共研究センター『千葉大学公共研究』第14巻第１号、pp.286-297
千葉大学倉阪研究室・環境エネルギー政策研究所（2022）「永続地帯2021年度版報告書」https://sustainable-zone.com/sz2021report/
縄田康光（2015）「原発の廃止措置をめぐる現状―放射性廃棄物の処分等様々な課題―」参議院事務局企画調整室『立法と調査』No.369、pp.80-90
三菱総合研究所（2015）「平成26年度2050年再生可能エネルギー等分散型エネルギー普及可能性検証検討委託業務報告書」https://www.env.go.jp/earth/report/h27-01/
Lovins, Amory.B（1977）*Soft Energy Paths: Towards a Durable Peace*, Friends of the Earth Inc.（エイモリー・B.ロビンズ著、室田泰弘・槌屋治紀訳（1979）『ソフト・エネルギー・パス―永続的平和への道』時事通信社）
NEA/IAEA（2021）*Uranium 2020: Resources, Production and Demand*, OECD Publishing.

脱炭素への道を拓く中小企業
―最先端の脱炭素ビジネスを追う―

2023年7月20日　発行（禁無断転載）

編　者　日本政策金融公庫
総合研究所

発行者　脇　坂　康　弘

発行所　株式会社 同 友 館
〒113-0033 東京都文京区本郷3-38-1
本 郷 信 徳 ビ ル 3F
電話　03(3813)3966
FAX　03(3818)2774
https://www.doyukan.co.jp/
ISBN 978-4-496-05661-1

落丁・乱丁本はお取替えいたします。